자연스럽게 먹습니다

자연스럽게 먹습니다

1판 1쇄 펴냄 2019년 6월 28일
1판 2쇄 펴냄 2022년 3월 15일

지은이 이정란

주간 김현숙 | **편집** 김주희, 이나연
디자인 이현정, 전미혜
영업·제작 백국현 | **관리** 오유나

펴낸곳 궁리출판 | **펴낸이** 이갑수

등록 1999년 3월 29일 제300-2004-162호
주소 10881 경기도 파주시 회동길 325-12
전화 031-955-9818 | **팩스** 031-955-9848
홈페이지 www.kungree.com | **전자우편** kungree@kungree.com
페이스북 /kungreepress | **트위터** @kungreepress

ISBN 978-89-5820-600-2 03590

책값은 뒤표지에 있습니다.
파본은 구입하신 서점에서 바꾸어 드립니다.

자연스럽게 먹습니다

텃밭농사부터
요리까지,
몸과 마음을 돌보는
열두 달 레시피

이정란 지음

궁리
KungRee

"바람이 불면 낙엽이 떨어진다.
낙엽이 떨어지면 땅이 비옥해진다.
땅이 비옥해지면 열매가 여문다.
차근차근 천천히."

—영화 〈인생 후르츠〉 중에서

텃밭이 전하는 자연의 맛!

마트에 가면 사시사철 빠지지 않고 자리를 지키고 있는 과일과 채소를 볼 수 있습니다. 11월 말부터 출하되기 시작하여 한겨울에 가장 많이 생산되는 딸기는 이제 제철인 5~6월보다 1~2월에 더 많은 판매율을 보이고 있다고 합니다. 재배기술의 발달과 겨울철에 부족한 비타민을 보충할 수 있을 것이라는 기대 때문이겠지요. '딸기는 자연재배로 키운 오뉴월 딸기가 제철일까? 아니면 겨울철 하우스 딸기가 제철일까?' 이런 의문은 아마 제가 텃밭을 다니지 않았더라면 생기지 않았을 것입니다.

몇 해 전 자가면역질환으로 몸이 안 좋아져 이사를 고려하게 되었습니다. 마음 같아서는 공기 좋은 시골로 가고 싶었지만 아이 아빠의 출퇴근 문제도 있고 해서 서울 내에서 그나마 공기가 좋다는 북한산 근처로 터를 옮기게 되었습니다. 이사를 하고 난 그 해 가을, 우리가 사는 동네를 조금 벗어나니 여기저기 텃밭을 가꾸는 모습이 보였습니다. 텃밭을 눈여겨본 적은 처음이라 밭에서 싱싱하게 자라고 있는 무, 배추가 어찌나 건강해 보이던지요. 그 다음해부터는 바로 주말농장을 분양받아 텃밭농사를 시작했습니다. 그런데 농사를 짓는 법은 학교에서든 집에서든 한 번도 배워본 적이 없어서인지 만만히 생각했던 텃밭일은 그리 쉽지만은 않았습니다. 흙은 어떻게 일궈야 하는지, 씨앗은 언제 뿌려야 하는지…… 막막한 것 투성이였지요. 일만 벌여놓고 감당이 안 되어, 그냥 포기하고 사서 먹을까 싶었던 즈음에 다행히도 은평구에 있는 '도시농부학교'를 알게 되었습니다. 그곳에서 농사의 방법뿐만 아니라 자연의 시간인 '24절기'에 대해서도 공부할 수 있었습니다.

지난해 여름은 무던히도 더웠습니다. 그냥 앉아만 있어도 땀이 줄줄 흐르는 여름을 보내던 중 열 살 딸아이가 텃밭에 따라 나선 적이 있었습니다. 방학이라 늦잠을 자고 나온 아이는 자기가 직접 물을 준다며 물뿌리개를 들고 몇 번 왔다 갔다 하더니 금세 얼굴이 벌겋게 익으며 숨을 헐떡이더군요. 그 모습이 귀엽기도 하고 애처롭기도 해서 텃밭에서 빨갛게 익은 토마토를 하나 따다 씻어주었습니다. 딸아이는 토마토를 한 입 베어 물고는 "엄마가 이 맛에 텃밭에 오는구나"라며 혼잣말처럼 중얼거리더군요. 텃밭에서 자란 토마토는 마트에서 파는 토마토와는 맛이 다르다며 이렇게 맛있는 토마토, 오이, 당근을 친구들은 왜 안 먹는지 도대체 이해가 되질 않는다고 합니다. 어릴 때부터 자연이 주는 채소 본연의 맛을 즐길 수 있다는 것은 정말 다행이고 감사한 일이라고 생각합니다. 요즘처럼 먹거리가 풍요로워지고 그에 대한 정보도 넘쳐나는 시대에 우리는 잘 먹는다는 것에 대해 오히려 혼란스러워하고 있는 것은 아닐까 생각해봅니다.

먹는다는 것은 다른 이의 생명을 내 몸으로 받아들이는 행위이지요. 그럼 잘 먹는다는 것은 우리 몸으로 들어오는 생명의 성질을 먼저 이해하는 것에서부터 시작되어야 하지 않을까요?

식재료가 가진 생명의 성질을 알아보기 위해 저는 텃밭을 시작하게 되었고, 좀 더 건강하게 먹는 방법을 찾기 위해 '식생활 교육 지도사' 과정과 '마크로비오틱® 지도자' 과정을 공부하게 되었습니다. 이런 과정을 통해 느낀 점은 인간도 자연의 일부라는 지극히 당연한 사실입니다. 우리 몸에서 자연스럽게 소화과정을 거치며 편하게 흡수되는 음식은 가능한 한 인공의 과정을 거치지 않은 자연에서 온 음식이라는 것입니다. 지극히 당연하지만 쉽게 잊게 되는 이 사실을 저는 텃밭을 통해 몸으로 확인하게 되었습니다.

'자연스럽다'의 사전적 의미는 스스로 자(自), 그럴 연(然)을 사용하여, '스스로 그러하다'라는 의미를 담고 있습니다. 애쓰거나 억지로 꾸미지 않고 순리에 맞다는 뜻이지요. 자연스럽게 먹는다거나 자연스럽게 생활하는 것이 오히려 더 어려운 시대에 살고 있는 요즘, 잠시 내 몸과 마음에 집중해 나에게 편안한 음식이 무엇이며 자연스럽게 먹는 것이 무엇인가를 질문해봅니다.

우리나라의 식문화에는 4계절을 24절기로 세분화한 중요한 틀이 있습니다. 절기란 태양의 움직임에 따라 일조량, 강수량, 기온 등을 가늠할 수 있기에 농경사회뿐 아니라 현대에서도 계절의 흐름을 이해할 수 있는 중요한 지표가 됩니다. 이 책에서는 각 절기의 특성과 제철 식재료 그리고 제철 요리법을 담았습니다. 밭을 일구고 씨앗을 뿌려 성장하는 과정과 이를 수확하여 요리를 하기까지의 과정을 소개하였습니다. 바쁜 현대인들에겐 이런 과정이 쉽지 않을 수 있기 때문에 책을 통해 '제철'의 의미를 알고 식재료를 구입할 때 도움이 되는 이야기를 전하고자 했습니다. 요리는 쉽고 간단하게 먹을 수 있는 방법을 소개하고, 가능한 한 우리 땅에서 재배되고 가공하지 않은 농산물을 이용하는 데 중점을 두

⊙마크로비오틱 : 고대 그리스의 의사이자 철학자인 히포크라테스가 처음 사용한 말이다. 'Macro(큰)', 'Bio(생명)', 'Tic(기술, 학문)'으로 이루어진 이 말은 그리스어로 '참 대단한 인생' 또는 '장수'를 의미한다고 한다. 음식물을 통째로 먹는 일물전체(逸物全體) 사상과 신체(身)와 환경(土)은 별개의 것이 아니라는 신토불이(身土不二) 사상이 주를 이루고 있다.
마크로비오틱 식사법은 곡물이나 야채, 해조류를 중심으로 한 일본의 전통식을 음양원리에 맞게 해석한 것으로 자연과의 조화를 통해 건강과 행복을 추구하고자 하는 라이프 스타일의 의미가 담겨 있다.

었습니다. 책에 나오는 텃밭과 요리 사진은 전문가에게 맡기지 않고 제가 텃밭을 다니며 그때그때 촬영한 것들입니다. 자연의 시간과 제철의 기분을 함께 나누고 싶습니다. 자연을 느낄 수 있는 평화로운 일상이 여러분 일상에도 찾아오기를 기원합니다.

마지막으로 이 책이 나오기를 누구보다 기다리셨던 사랑하는 나의 아버지 이종길 님께 이 책을 바칩니다.

이정란

차례

일러두기 |

· 각 달의 먹거리와 파종 정보는 저자가 텃밭을 가꾸고 있는 서울, 경기 지역을 기준으로 작성한 것입니다. 세부 정보는 지역에 따라 다를 수 있습니다.
· 이 책에 나오는 요리는 3~4인분 기준입니다. 분량이 다른 요리는 별도로 표시했으며, 저장음식인 경우는 한 번에 만들 수 있는 적절한 양을 소개했습니다.
· 계량 기준은 다음과 같습니다. 1컵은 200ml, 1큰술은 15ml(1.5숟가락), 1작은술은 5ml(0.5숟가락), 1줌은 어른 손바닥으로 재료를 가볍게 쥔 양을, 꼬집은 엄지와 검지로 잡을 수 있는 양을 말합니다.

2월

February

겨울의 끝과 절기의 시작

2월 guide

입춘(立春)은 2월 4일 전후이며, 봄으로 들어가는 입(立)절기이다. 봄의 시작이라고 하지만 봄을 느끼기엔 아직 이르다. 텃밭은 휴식기라 지난해 준비해두었던 묵나물(제철에 나는 나물을 말리거나 데쳐 말린 나물)을 이용하거나 바다에서 나오는 해초들로 채소를 대신한다. 해조류는 채소에 들어 있지 않은 미네랄을 많이 함유하고 있다. 뼈를 튼튼하게 하고 혈액을 깨끗하게 만드는 알카리성 식품이다. 몸이 산성화되면 여러 가지 질병이 생기기 쉬운데 해조류는 몸의 밸런스를 맞춰줄 수 있는 중요한 먹거리가 된다.

2월은 음식의 기본이 되는 장을 담그기에 좋은 시기이다. 예로부터 음력 정월에 담그는 장이 가장 맛이 좋다 하여 맑고 좋은 날을 택하여 장을 담근다.

우수(雨水)는 2월 18일경이며, 이 시기에 오는 비는 겨울의 추위를 녹여 땅속 벌레들을 깨운다. 우수 무렵에는 음력 대보름이 든다. 대보름 때는 쥐불놀이, 달집태우기, 보리밟기 등을 하는 세시풍속이 있다. 한 해 농사의 풍년을 기원하는 의식으로 알려진 쥐불놀이와 달집태우기는 마른풀을 태워 해충을 잡기 위한 풍속이기도 하다. 작은 텃밭에서라도 농사를 지어본 사람들은 병해충이 얼마나 골칫거리인지 안다. 제초제 같은 농약은 그 성분이 오랫동안 남아 흙이나 식물, 그것을 먹는 동물이나 인간에게까지 영향을 주지만 불을 피워 자연으로 돌려보내는 방식은 성스러운 의식처럼 좀 더 평화로워 보인다.

음력 1월 15일 대보름에는 다가오는 봄을 준비하며 묵나물들을 정리한다. 이제 곧 봄나물들이 여기저기서 올라오기에 집에 남아 있는 묵은 나물과 곡물들은 이웃들과 나누며 정리하자는 의미인 듯하다. 쉽게 구입하고 쉽게 버려지는 음식물 쓰레기가 많은 요즘, 오래 이어져온 살림의 지혜가 엿보인다.

2월

· 씨앗 파종 : 시금치, 고추, 케일

입춘,
24절기를 열다

○
○
○

'한 해의 시작을 1월이나 봄이 아닌 왜 2월로 했을까?' 이 책을 펼친 분들은 이런 의문이 들 수도 있을 것이다. 이렇게 책을 연 나름의 이유는 있다. 2월은 한식요리에 기본이 되는 장을 담그는 달이자 매해 2월 4일 즈음해서 입춘(立春)이 들어 있기 때문이다. 입춘은 24절기 중 가장 첫 번째 오는 절기이므로 절기상으로는 한 해의 시작이라고 볼 수 있다. 절기는 한 달에 두 번, 15~16일 간격으로 들어 있으며 24절기로 나뉘어진다. 해마다 약간씩 날짜의 변동이 있어 음력이라고 생각하기 쉽지만 절기는 음력이 아닌 양력을 기반으로 한다.

태양의 움직임에 따라 일조량, 강수량, 기온을 가늠하기에 절기는 농사의 중요한 지표가 되어왔다. 절기의 기원이 중국 주나라 때로 거슬러 올라가기 때문에 현재 우리나라 기온이나 날씨의 변화와는 다소 차이가 있을 수 있다. 하지만 농사에서 가장 중요한 '해의 길이'를 가늠할 수 있는 기준으로 제철 먹거리를 알아보는 데 24절기는 큰 의미를 지닌다.

24절기 중 가장 중요한 분기점이 되는 것은 동지(冬至)다. 일년 중 밤의 길이가 가장 긴 동지는 해가 죽었다 다시 살아나는 '해의 생일'로 불린다. 그런 의미에서 동지는 한 해의 액운을 물리치고 안녕을 기원하는 의미를 담고 있다.

"청명(淸明)에는 부지깽이를 거꾸로 꽂아두어도 싹이 튼다"라는 속담이 있다. 식목일 근처인 4월 4일경에 드는 청명은 모든 새싹이 그야말로 스프링처럼 튀어 올라온다. 땅 위에서만이 아니라 겨우내 죽은 듯이 지내던 딱딱한 나무껍질에도 여린 새순이 돋고 도심 아스팔트 보도블록 사이 그 비좁은 곳에서도 생

명이 자라는 시기가 바로 청명 즈음이다. 이렇듯 절기는 양력 날짜로는 알기 힘든 계절의 기운을 느낄 수 있게 한다.

계절의 흐름을 잊고 살아가는 요즘이지만 입춘부터 대한까지 각 절기의 특징을 안다면 식재료가 자라는 시기의 계절 기운을 알 수 있고 식재료의 성질을 이해하는 데도 많은 도움이 된다.

몸을 차게 하거나 또는 따뜻하게 하거나, 마음을 흥분시키거나 평온하게 하는 등, 식재료는 각자의 성질을 가지고 있다. 이런 식재료의 성질을 음식에 잘 활용하여 조화와 균형을 맞출 수 있다면 우리의 몸과 마음을 좀 더 건강하게 하는 데 많은 도움이 될 수 있으리라 생각한다.

파릇파릇한 초록이 그리운 날,
새싹채소 키우기

○
○
○

텃밭은 아직 휴식기인데 자꾸만 초록의 싱그러움이 그리워질 때가 있다. 이런 날은 아쉬운 대로 찬장에 있는 접시를 하나씩 꺼내어 텃밭놀이를 시작한다. 씨앗을 불리고 발아(씨앗에 싹이 트는 현상)되기까지 기다린 후 평소 좋아하는 그릇에 씨앗이 겹치지 않도록 골고루 펴준다. 거즈에 물이 마르지 않도록 스프레이를 이용하여 물을 뿌려주면 새싹에 따라 다소 차이가 있지만 대부분 일주일에서 10일 정도면 먹을 수 있을 만큼 자란다.

2월은 계절로 보면 아직 겨울이지만 절기상으로는 입춘, 즉 봄에 해당한다. 음양오행(陰陽五行)으로 볼 때 봄은 목(木)의 기운에 해당하는데, 목의 기운은 에너지가 시작하고 출발하는 기운을 말한다. 하루 중에는 새벽, 계절로는 따뜻한 봄, 일생으로 보면 유년기로 볼 수 있다. 봄에는 신맛이 나는 음식으로 우리 몸의 기운을 보충해주는 것이 좋다. 봄철 신맛이 나는 음식은 우리 몸의 진액이 밖으로 새는 것을 막아주기 때문에 봄철 춘곤증에도 도움이 된다.

봄에 나오는 새싹이나 새싹채소는 쌉싸름하면서도 새콤한 맛을 지니고 있다. 이런 새싹이 가지고 있는 맛은 간과 담낭의 기운을 활성화시키는 역할을 한다. 그래서 봄에는 소화가 힘든 육식을 자제하고 쌉싸름한 새싹을 먹으며 간을 쉬게 하는 '해독기간'을 갖는 것도 필요하다.

새싹채소에는 다 자란 채소에 비해 비타민, 미네랄 등의 영양소가 풍부하고 항산화물질이 많이 들어 있어 항염 · 항암작용을 한다고 알려져 있다. 영양학적으로도 그렇지만 새싹채소를 키워보면 강한 생명력을 느낄 수 있다. 봄이 오는 기운을 느끼고 싶다면 집 안에 새싹채소를 키워보면 어떨까?

키워서 먹는 즐거움도 있지만 하루가 다르게 자라는 모습에 눈이 먼저 호강하게 된다.

준비법

1 소독되지 않은 씨앗을 구입하여 4~6시간 정도 물에 불린다.
2 볼에 키친타월이나 거즈를 깔고 씨앗이 겹치지 않도록 골고루 놓는다.
3 싹이 나오기 전까지 어두운 곳에 신문지를 덮어두고 하루 4~5번 물을 분무한다. (스프레이 사용)
4 껍질이 벗겨지고 싹이 트기 시작하면 햇빛이 드는 곳으로 옮겨준다.

| 내게 맞는 새싹 찾기 |

새싹 브로콜리

새싹 브로콜리에는 다 자란 브로콜리에 비해 설포라판(sulforaphane)이라는 항암물질이 20배 많이 들어 있고, 몸속의 독소를 배출하고 스트레스로 인한 활성산소를 낮추는 역할을 한다.

새싹 메밀

싹이 나온 2~3일 후 신문지를 벗기고 햇빛이 들지 않는 곳에 두고 하루 5~6회 물을 충분히 준다. 파종 후 5~7일 후면 수확이 가능하며 햇빛을 받으면 줄기가 붉게 변한다. 소화를 돕는 아미노산이 많아 육류와 함께 먹으면 좋다. 싹을 기르면 씨앗보다도 루틴(rutin) 성분이 높아져 고혈압, 혈중 콜레스테롤을 낮추는 데 도움이 된다

새싹 적무

적무는 줄기에 선홍색을 띠며 색이 예뻐 요리에 장식용으로도 많이 쓰인다. 특유의 쌉싸름한 맛이 입맛을 돋우고 소화에 도움이 되기에 생선회나 고기 요리에 잘 어울린다. 뿌리부분에 잔털이 있어 곰팡이로 오해하기 쉽지만 시간이 지나면 자연적으로 없어진다. 간혹 뿌리부분에 물이 너무 많으면 축축해져서 썩을 수 있기 때문에 너무 과습하지 않도록 주의한다.

새싹 비타민채

'다채'라고도 부른다. 비타민이 풍부하여 '비타민채'로 알려져 있다. 비타민채는 씨앗을 너무 드문드문 놓으면 자라면서 쓰러지기 때문에 예쁘게 자라기가 힘들다. 그렇다고 씨앗이 겹쳐지는 것도 좋지 않기에 씨앗을 놓을 때 겹치지 않고 촘촘히 놓는 것이 중요하다.

새싹 배추

시스틴(cystin)이라는 아미노산이 들어 있어 피로회복에 좋다. 열을 내리고 갈증을 덜어주어 여름철 샐러드와 냉면에 잘 어울린다. 햇빛이 나는 곳에 두면 한쪽 방향으로 쏠려 자랄 수 있기에 가끔 반대 방향으로 돌려주는 것이 좋다.

적양배추

여성들에게 좋은 셀레늄(selenium) 성분이 들어 있어 피부 노화 방지에 도움이 되는 채소다. 안토시아닌 계통의 색소가 풍부하게 들어 있어 혈액을 맑게 하고 뇌졸중 · 심장질환 예방에 도움이 된다.

무순

비타민 A와 식물성 섬유소가 풍부하여 몸 안에 쌓여 있는 노폐물 배출에 도움을 준다. 베타카로틴(β-carotene) 성분이 풍부하여 눈의 피로를 풀어주고 시력을 보호하는 작용이 있다. 무순은 톡 쏘는 매운맛을 가지고 있는데 이는 몸의 열을 내려주고 붓기를 가라앉히는 효과가 있다.

새싹 완두

다른 새싹에 비해 줄기가 굵게 올라오는 새싹 완두는 흙에 파종했을 때와 비슷한 모양으로 자란다. 흙에 파종하는 완두씨앗은 대부분 소독이 되어 나오기 때문에 소독되지 않은 완두씨앗을 이용하는 것이 중요하다.

새싹 보리

새싹 보리는 동절기에 유일하게 싹을 틔우는 강인한 생명력을 가진 알카리성 식품이다. 콜레스테롤 수치를 개선하는 폴리코사놀(polycosanol) 성분이 다량 함유되어 혈액을 깨끗하게 한다.

한 해 살림을 시작하는
장 담그기

○
○
○

2월은 겨울의 끝처럼 느껴지지만 이제 곧 다가오는 봄을 맞을 준비를 하는 시기이다. 설날이 들어 있어서일까? 다른 달보다도 2~3일이 짧은 2월은 하는 것 없이 분주하게 지나가는 달이기도 하다. 꽃샘추위라도 드는 날이면 몸을 더욱 움츠리게 되는 이 시기엔 잊지 말아야 할 중요한 행사가 있다. 바로 '장(醬) 담그기'이다. 음력 정월에 담근 장은 다른 달에 담근 장에 비해 소금을 적게 쓰더라도 상하지 않고 깊은 맛이 난다 하여 예부터 이 시기에 장을 담가왔다.

요즘은 장을 집에서 담그는 사람보다 마트에서 사 먹는 사람이 더 많아 장 담그기가 남의 나라 이야기처럼 느껴질 수도 있지만 사실 몇 번 해보고 나면 그리 복잡하거나 어려운 일도 아닌 듯하다. 잘 띄운 메주와 질 좋은 소금만 있다면 각자 집에서 입맛에 맞게 장을 담가 먹을 수 있다. 항아리에 잘 띄운 메주를 넣고 염도를 맞춘 소금물을 부어 햇빛과 바람이 잘 통하는 곳에 두면 장을 만들기 위한 메주 띄우기가 끝난다.

사실 장 담그기는 메주를 띄우는 일보다 오랜 기간 항아리를 잘 챙겨보는 일이 더욱 중요하다고 할 수 있다. 살아 있는 유산균을 이용하여 발효가 이루어지기 때문에 항아리 속 환경이 무엇보다 중요하다. 메주를 띄우고 나서 40~60일 정도 지나 자연 숙성과정을 거치면 소금물은 갈색빛을 띠고 메주는 말랑말랑해지게 되는데, 이때 메주를 걸러내면 된장이 되고 메주를 걸러낸 갈색물은 간장이 된다.

숙성과정이 길어질수록 콩에 들어 있는 멜라닌과 멜라노이드 성분으로 인해

간장은 짙은 갈색을 띠며 깊은 맛을 내게 된다. 전통장은 이처럼 콩과 소금, 물이 만들어낸 발효의 산물이라고 할 수 있다. 하지만 우리가 쉽게 접하는 시판 된장, 간장에서도 이런 발효의 효과를 기대할 수 있을까?

내가 어릴 적만 해도 시골에서는 마당에 장독대가 있는 집들이 많았다. 그때만 해도 가공식품이 별로 없었던 터라 밥상에는 된장, 간장, 고추장으로 만든 반찬이 거의 대부분이었다. 그런 음식 때문이었는지 그때는 요즘 흔한 아토피나 비염, 염증성 장질환 같은 자가면역질환을 보기 힘들었다. 하지만 요즘 대도시에서는 아파트에 사는 사람이 많아서인지 장독대를 찾아보기가 힘들어졌고 그런 이유로 우리의 식문화도 예전과는 너무 많이 달라져 있다. 바쁘다는 이유로 인스턴트나 가공식품을 자주 찾게 되고 외식도 잦아졌다. 대부분의 양념은 식품공장에서 만들어진 장류나 소스를 이용하다 보니 집에서 집밥을 먹는 이들도 첨가물이 들어 있는 음식에서 자유롭기가 힘들어졌다. 아무리 텃밭에서 유기농 채소를 키워 먹더라도 시판되는 양념이나 소스를 이용한다면 그 안에 들어 있는 첨가물은 우리 몸으로 들어올 수밖에 없다.

사실 한식요리에서 장이 맛있으면 별다른 양념이 필요 없다. 국, 찌개, 탕, 조림, 무침, 샐러드까지 된장, 간장, 고추장만으로도 건강하고 맛있는 음식을 만들 수가 있다. 이뿐만이 아니다. 전통적인 방식으로 잘 담근 된장, 간장에는 음식의 독성을 중화시키는 해독작용과 소화에 도움이 되는 성분이 많으며 그로 인한 항염 · 항암 효과도 주목 받고 있다.

나는 가능하면 2~3일에 한 번은 제철채소를 넣은 된장국을 끓인다. 봄에는 주로 봄동과 시금치, 여름에는 상추와 열무, 가을에는 근대와 아욱, 겨울에는 시래기와 배추가 주재료가 된다. 된장국은 밥과 반찬을 준비하는 동안 끓일 수 있을 정도로 조리과정이 간단한데 어떤 음식보다도 속을 편안하게 한다. 그 이유는 미생물에 의한 발효가 이미 진행되었기 때문이라 생각한다.

얼마 전 요리수업 시간에 수강생 한 분이 장염에 걸려 식사를 못 한 적이 있었다. 그분을 위해 집된장을 넣어 야채죽을 쑤어드렸더니 얼마 안 되어 속이 편해지면서 식사를 할 수 있게 되었다고 했다. "음식으로 치료 못 하는 병은 약으로도 치료할 수 없다"라는 말이 있다. 우리는 어쩌면 쉽게 건강을 지킬 수 있는 방법을 가까이 두고 멀리서 찾고 있는 건 아닐까?

음식의 성질을 이용하여 몸을 보할 수 있다면 몸의 주체로서 좀 더 자연스럽고 부작용이 덜한 방법을 택할 수 있을 거라 생각한다. 집에서 직접 만들어 먹을 수 있다면 가장 좋겠지만 상황이 안 된다면 장만큼은 조금 투자를 해서 전통방식으로 만든 질 좋은 장을 구입하기를 권하고 싶다.

2월의 요리

새싹채소 현미김밥

재료

현미밥 2공기, 김 5장, 당근 1개, 우엉 1개, 두부 1모, 무순 2줌,

단촛물(식초 2큰술, 원당 1큰술, 소금 2/3작은술), 현미유 2큰술, 들기름 1큰술, 간장 2/3큰술

1 현미밥은 약간 고슬고슬하게 지어 뜨거울 때 단촛물을 넣어 잘 섞어준다.

2 두부는 두툼하게 썰어 소금을 약간 뿌린 후 현미유를 두른 팬에 노릇하게 굽는다. (구운 두부는 식은 후에 썰어야 예쁜 모양이 나온다.)

3 당근은 굵게 채 썰어 현미유를 두르고 소금을 약간 넣어 볶아준다.

4 우엉은 현미유와 들기름을 두른 후 진간장을 넣어 볶아준다.

5 구운 김밥 김을 펴고 현미밥을 3/4 정도 잘 펴서 올려준다.

6 구운 두부, 볶은 당근과 우엉, 무순을 넣고 안쪽에서 꾹꾹 눌러 짱짱하게 말아준 후 먹기 좋은 크기로 썰어준다.

씹을수록 고소한 현미밥과 구운 두부, 겨울에 잘 어울리는 뿌리채소인 당근과 우엉, 톡 쏘며 매운맛을 내는 무순. 뭔가 부족한 듯하지만 심플해서 더욱 맛있는 김밥입니다.

새싹채소 현미팥죽

재료

현미 1컵, 팥(또는 녹두) 1/2컵, 물 6컵, 소금 2꼬집, 새싹채소, 호두, 한라봉

1 압력솥에 현미, 팥, 물, 소금을 넣고 센불로 끓이기 시작한다.

2 솥에 압력이 차면 약불로 줄여 30분간 끓인다.

3 불을 끄고 10분간 뜸을 들인 후 현미팥죽을 그릇에 담아낸다.

4 새싹채소와 한라봉, 호두를 올려낸다.

우리 집은 거의 매일 현미죽으로 아침식사를 하는데요, 계절에 따라 들어가는 곡물을 바꿔줍니다. 겨울에는 주로 팥을 이용하고 여름에는 녹두를 이용하면 고소한 현미죽을 즐길 수 있습니다.

외국에서는 수프에 과일과 견과류를 올려서 먹는 모습을 자주 보게 되는데, 2월에는 설이 있어 먹고 남은 사과나 배, 한라봉 같은 과일을 현미죽에 올려보았습니다. 과일은 대부분 찬 성질이 있어 겨울엔 손이 잘 가지 않는데 이렇게 준비해보니 먹고 난 후 뱃속도 따뜻하네요. 호두 대신 다른 견과류나 씨드 종류를 이용해도 좋습니다.

밀싹주스

재료

밀싹 200g, 사과 1개,

물 300ml, 레몬즙 1/2개

1 밀싹을 흐르는 물에 깨끗이 헹군다.
2 밀싹과 사과, 물을 넣고 블렌더에 갈아준다.
3 고운 면보에 한 번 걸러낸 후 레몬즙을 넣는다.

밀싹주스는 녹즙기를 이용해서 만들면 좋은데요, 녹즙기가 없다고 해서 만들 수 없는 건 아니에요. 사과와 물을 함께 넣어 블렌더로 갈아준 후 고운 면보에 걸러주면 된답니다. 밀싹은 다량의 엽록소가 함유되어 있어 독소 배출에 탁월한 효과가 있다고 알려져 있지요. 레몬즙을 넣어 한 잔 마시니 겨우내 몸에 쌓여 있는 묵은 때가 한꺼번에 씻겨 내려갈 것만 같습니다.

3월

March

들나물과 함께 오는 봄봄

3월
guide

경칩(驚蟄)은 3월 5일 전후이다. 놀랄 경(驚), 숨을 칩(蟄)이라는 한자말 그대로 겨울잠을 자는 개구리나 뱀, 곰 같은 동물이 놀라서 깨어난다는 의미다. 아직은 아침 공기가 쌀쌀하지만 여기저기서 올라오는 들풀들과 피부로 느껴지는 온화함이 봄을 실감케 한다.

양력으로 1월이 한 해의 시작이고 절기상으로는 입춘(立春)이 봄의 시작이지만 날씨가 따뜻해지고 자연의 기운도 달라지는 3월이 바로 텃밭일을 본격적으로 시작하는 시기이다. 겨우내 얼었다 녹았다를 반복하던 흙은 부드러워져서 잠자고 있던 싹들이 올라올 틈을 내어준다. 냉이, 쑥, 달래, 망초, 원추리, 돌나물, 광대나물 등 봄나물들이 하나씩 올라오기 시작하면 우리의 밥상에도 봄이 찾아온다.

춘분(春分)은 3월 20일 전후이며, 동지를 맞아 서서히 일어난 태양의 기운은 춘분에 이르러 밤보다 낮이 길어지게 된다. 개나리, 진달래 같은 봄꽃들이 피기 시작할 즈음이면 날도 따뜻해져 이제 슬슬 밭을 일구고 퇴비를 주어 한 해 농사를 시작한다. 춘분이 지나면 감자와 완두콩, 강낭콩을 시작으로 상추나 아욱, 근대, 쑥갓 같은 잎채소들을 파종할 수 있지만 일찍 파종(씨뿌리기)할 경우 냉해를 입을 수 있기 때문에 봄서리가 내릴 수 있는 곡우(穀雨, 4월 20일 경)가 지나 싹이 올라오도록 파종하는 것이 좋다.

매화, 산수유가 피기 시작하며 완연한 봄을 이루는 듯하지만 이 시기에 빠지지 않는 것이 꽃샘추위다. 이른 봄 피는 꽃이 얼마나 얄밉도록 예뻤을까? 시기와 질투 속에서도 피어날 꽃인 줄 알면서도 심술을 부려보는 추위가 가끔은 애련하게 보인다.

3월

· 야생초 먹거리 ·

냉이, 달래, 방풍나물, 쑥, 취나물, 망초대(담배)나물, 씀바귀, 원추리,
뱀밥(쇠뜨기꽃), 부지깽이, 머위, 꽃다지, 광대나물, 별꽃, 돌나물 등

· 텃밭 먹거리 ·

월동 시금치, 부추, 움파, 봄동 등

· 씨앗 파종 : 감자, 완두콩, 파, 부추, 배추, 양배추, 쑥갓, 상추 외 쌈채소, 고추, 시금치,
강낭콩, 완두콩, 참외, 오이, 호박, 토마토, 가지, 무, 브로콜리 등

가장 먼저 봄을 알리는 텃밭채소,
부추

○
○
○

20대 때 고향이 이북인 주인할머니 집에서 자취를 한 적이 있었다. 유독 정이 많았던 할머니는 일요일에 늦잠 자는 나를 깨워 밥 먹고 자라며 국이나 찌개를 냄비째 두고 가시곤 하셨다. 가끔 할아버지와 할머니만 식사하시는 날이면 댁으로 나를 부르시곤 하셨는데 할머니께서 해주신 반찬 중에 부추무침이 가장 기억에 남는다. "할머니~ 부추무침이 너무 맛있어요~" 하면, "많이 먹으라우~ 정구지는 자꾸 잘라줘야지 맛시숴"라고 하셨다.

봄이 되면 할머니 댁 철 대문 위 좁은 공간에서도 새파랗게 올라오는 부추를 볼 수 있었다. 할머니처럼 뭔가를 키울 수 있는 공간만 있다면 흙을 메우고 씨앗을 뿌리는 이들이 있다. 이런 능력은 산업사회가 되면서 대수롭지 않게 여겨지게 되었지만 사람이 살면서 스스로 먹고 사는 것만큼 중요한 일이 또 뭐가 있을까? 하는 생각이 들면 이런 분들이 점점 더 존경스러워진다.

지금도 가끔 부추무침이나 부추부침개를 할 때면 할머니 생각이 난다. 부추는 할머니가 부르시는 '정구지' 말고도 '솔'이나 '새우리'라고도 하고 '부채', '부초'로도 불린다. 첫 부추는 막내아들도 인 준다는 말이 있듯이 양기가 강하다는 뜻에서 '기양초', '장양초'라고도 불린다.

부추는 한번 씨앗을 뿌리고 나면 그 다음해부터는 뿌리에서 싹이 올라오며 계속 자란다. 머리에 까만 씨앗을 달고 움츠려 있다가 조금씩 허리를 펴며 일어서는 모습이 터미네이터가 일어나는 것 같다고 생각하며 웃곤 했다. 가늘게 올라오는 모습에 '얘가 부추가 맞나?' 싶기도 하지만 바닥에 낮게 가위를 대고 몇

번 잘라주고 나면, 금세 잎이 넓어지며 부추 모양이 되어간다.

몇 해 전 베란다 화분에 심은 부추는 3월 중순이 지나 봄바람이 살짝 부니 가장 먼저 깨어나 봄을 알렸다. 한번 심어놓으면 다음해부터는 자기가 알아서 자라기 때문에 가끔 웃거름만 주면 거의 손이 가지 않는다. 봄부터 가을까지 네다섯 번 정도 거두어 먹는데 봄에 처음 올라오는 부추는 일년 중 가장 연하고 맛이 있다. 부추는 비타민 A와 C가 풍부하고 『동의보감』에서는 '간(肝)의 채소'라고 불릴 정도로 간 기능을 강화하는 작용이 뛰어나다. 몸을 따뜻하게 하고 익혀 먹으면 위액분비가 왕성해져 소화를 촉진시키고 위장을 튼튼하게 한다. 그래서 위장이 약한 이들에겐 '부추죽'이 도움이 된다. 잎이 어느 정도 자라면 빨리 잘라주어야 질겨지지 않기 때문에 아끼지 말고 거둬 먹어야 한다.

여름철이 되면 잎 사이에서 푸른 줄기가 나오며 그 끝에 하얗고 작은 꽃이 피는데 꽃이 예뻐 한참을 들여다보곤 했다. 꽃이 지고 찬바람이 불면 꽃 안에 까만색 씨앗이 생긴다. 부추는 키우기도 쉽고 필요할 때마다 거두어 쓸 수 있으니 베란다에서 키우기 좋은 채소인 것 같다.

한 해 농사의 준비,
친환경 퇴비 만들기

○
○
○

봄에 흙을 만져본 사람이라면 그 보드랍고 촉촉한 느낌을 기억할 것이다. 겨우내 얼었다 녹았다를 반복한 흙은 공기층이 생겨 부드러우면서도 찰진 느낌이다. 흙 1g 속에는 수천만 마리의 미생물들이 살고 있다고 한다. 우리의 눈에 보이지도 않는 이 미생물은 흙 속에서 먹이를 먹고 배설을 하면서 씨앗을 품고 키울 수 있는 촉촉하고 윤기나는 흙을 만드는 역할을 하게 된다. 이런 미생물들이 없다면 흙은 살아 숨쉬지 못할 것이고 흙이 없으면 채소나 과일도 당연히 살 수가 없다. 채소나 과일이 없다면 그것들로 생명을 유지해나가는 인간과 동물들도 살 수가 없을 테니 모든 생명의 시작은 흙에 달렸다고 해도 과언은 아닌 듯하다.

처음 텃밭을 시작할 때 책을 보며 공부했는데 책에서는 하얀 콩알탄같이 생긴 화학비료를 주어 키우는 방법을 소개하고 있었다. 일명 '알비료'라고 하는 것인데 베란다나 화분 같은 한정된 공간에 영양을 주기 위해 만든 것 같다. 적게 먹더라도 친환경적인 방법으로 키워보려 시작한 텃밭이라 화학비료를 구입하는 대신 식물에 영양을 줄 수 있는 방법을 찾기 시작했다.

첫 번째 방법으로 음식물 쓰레기를 이용하여 천연 퇴비를 만들어보았다. 아래층 할머니와 텃밭을 함께 가꾼 적이 있었는데 할머니는 음식물 쓰레기를 모아서 밭에다 뿌려주시곤 하셨다. 야외에서는 부엽토나 깻묵, 분변 등을 이용하여 친환경 퇴비를 만들어 사용할 수 있지만 퇴비는 일정시간 발효를 시켜야 하기 때문에 발효 중에 나오는 가스와 냄새로 아파트에서는 쉽지 않았다. 그래서 주말농장이나 베란다 텃밭에서 나오는 채소 중에 벌레가 먹거나 시들어 버려지

는 것들을 말려서 분쇄하는 방법을 시도해보았다. 이렇게 만들어진 음식물 쓰레기는 흙과 섞어 플라스틱통에 담아 겨우내 발효를 시켰다. 봄에 뚜껑을 열어보니 굵게 분쇄되었던 음식물 쓰레기가 안 보이는 것으로 보아 미생물에 의해 분해가 된 듯 보였다.

두 번째 방법은 지렁이 분변토를 사용하는 방법이었다. 지렁이가 흙 속에 미생물들을 먹고 변을 보면 흙 속 미생물들은 지렁이 분변을 먹고 번식을 하게 된다. 다른 분변과 다르게 지렁이 분변은 냄새가 거의 없으니 야외보다는 베란다나 화분에 사용하기에 좋았고 무엇보다 친환경이라 마음이 놓였다.

세 번째 방법으로는 오줌을 받아 발효시킨 '천연 액비'를 사용하는 것이다. 이 방법은 아이 아빠의 도움이 필요했다. 처음엔 페트병에 오줌을 받아 달라 했더니 버려지는 오줌도 주긴 싫은지 자기 것을 어디다 쓸 거냐며 생색이다. 오줌을 받는 동안은 아이 아빠 먹거리도 특별 관리에 들어가니 식생활 개선에도 도움이 되고 아이에게도 순환 농법에 대해 설명할 수 있는 좋은 기회였다. 만드는

방법은 간단하다. 오줌이 산소와 접촉되지 않도록 뚜껑 있는 페트병에 담아 그늘에서 최소 2주 이상 발효시키면 된다. 6개월 정도 두면 잘 숙성된 액비를 만들 수 있다.

오줌은 각종 미네랄, 아미노산, 면역물질, 유산균 등이 녹아 걸러진 혈액이기 때문에 식물에 영양을 공급할 수 있고 특히 질소질 거름을 보충할 수 있다. 시비(거름주기)할 때는 작물에 닿지 않도록 하고 5~10배 정도의 물을 희석하여 준다.

흙 속에는 무수히 많은 미생물들이 살아가고 있다. 눈에 보이지 않는 미생물은 식물이 뿌리를 통해 영양을 흡수할 수 있도록 도와주기 때문에 식물의 성장을 위해서는 꼭 필요한 존재다. 어쩌면 세상은 보여지는 것들보다 눈에 보이지 않는 것들에 의해 돌아가는 건 아닌지 생각해보게 된다.

나의 메모리 푸드,
냉이 된장찌개

○
○
○

콧구멍에 봄바람이 들기 시작하면 왠지 모르게 마음이 부산해진다. 이 시간이 지나고 나면 그 해 먹을 수 있는 들나물들을 못 보고 못 먹고 지나갈 것 같은 불안감(?) 때문인지 가까운 곳에 가서 쑥이라도 뜯어야 한다. 그것도 여의치 않다면 서울 근처에 있는 가까운 5일장이라도 댕겨와야 한다. 시장 입구에 할머니들이 아침 일찍 뜯어오신 봄나물들을 몇 봉지 사고 나면 할 일을 한 것마냥 마음이 가벼워진다. 백화점이나 쇼핑몰에 가면 빨리 집에 가자며 손사래를 치는 아내가 시골장만 가면 사재기(?)를 하며 보따리를 가득 채우는 걸 바라보며 군말없이 따라다녀주는 남편에게도 한없이 고마워진다.

서울생활을 한 지도 고향에서 지낸 시간보다 한참이 더 지났다. 이젠 도시의 생활이 적응될 만도 한데 아직도 이 도시의 생활은 '적응 중'인 것 같다. 틈만 나면 나무가 보이고 흙 냄새 나는 곳을 찾아다닌다. 아마도 어린 시절을 제주에서 보낸 것이 한몫한 것 같다. 우리 집은 제주에서도 시내와 좀 떨어진 한적한 곳에 있었다. 여느 또래처럼 조용한 시골 마을보다는 그나마 좀 더 화려하고 편의시설이 좋은 시내에 살고 싶었을 법도 한데 난 조용한 우리 동네가 좋았다.

이른 봄 눈 덮인 돌담 사이로 피어 오른 수선화 향기가 너무 좋았고, 그때는 이름도 정확히 몰랐지만 여기저기 올라오는 쑥, 냉이, 광대나물이며 별꽃으로 기억되는 꽃들이 너무나도 예뻤다. 봄햇살이 따뜻한 날이면 웅크리고 앉아 들꽃들을 한참 바라보기도 하고 학교에서 일찍 돌아오는 날이면 가끔씩 바구니를 들고 나가기도 했다. 한번은 혼자서 나물을 캔다고 웅크리고 앉았다가 누군가 조심조심 걸어오는 기척을 느껴 얼마나 등골이 오싹했는지……. 고개를 들어 보니 봄햇살을 맞으러 나온 들고양이와 눈이 딱 마주쳤다. 어린 내 눈엔 호랑이 새끼만 해 보였던 들고양이였는데도 오히려 날 보고 놀랐는지 꼼짝하지 않았고 둘은 한참 동안 얼음이 되어버렸다. 결국 그날 바구니를 놓고 냅다 뛰는 바람에 냉이 된장찌개는 맛보지 못했지만, 이른 봄 푹신푹신한 흙을 뚫고 올라오는 냉이를 보면 그날의 호랑이 새끼만 했던 고양이가 생각나곤 한다.

3~4월이 제철인 냉이는 무침이나 국, 전에 두루 이용하지만, 된장찌개 만들 때 마지막에 송송 썰어 넣은 냉이의 존재감은 당연 으뜸이다. 냉이뿌리와 잎에서 나는 쌉싸름한 내음이 왠지 봄을 알리러 나온 것만 같다. 냉이 외에도 봄에는 들나물과 산나물이 앞다투어 나온다. 쑥, 달래, 돌나물, 취나물, 담배나물, 씀바귀, 뱀밥, 부지깽이, 머위순, 원추리 등 사람들이 직접 씨앗을 뿌려 재배하지 않더라도 자연에서 얻을 수 있는 먹거리가 많이 나오는 시기이기에 마트보다는 들이나 시골 5일장을 찾게 된다. 쑥이 나오기 시작하면 쑥밥, 쑥버무리, 쑥개떡, 쑥국을 해 먹고 돌나물은 초고추장에 무치거나 물김치를 담가 먹어도 맛있다. 취나물, 담배나물, 머위순, 부지깽이, 원추리 등은 살짝 데쳐 국간장과 들기름만 넣어 무쳐도 봄철 입맛 살리는 나물반찬이 되니 이 시기를 손꼽아 기다릴 수밖에 없다.

3월의 요리

냉이 된장찌개

재료

냉이 1줌, 애호박 1/3개, 두부 1/2모, 느타리버섯 1/2줌, 홍고추 1개,

다시마 1장, 말린 표고버섯 2장, 물 5컵, 된장 1 1/2스푼, 고추장 1/2스푼

1 냉이는 누런 잎과 무른 것을 떼어내고 큰 것은 반으로 나누어 깨끗이 헹군다.

2 물에 다시마와 말린 표고버섯을 넣고 끓이다가 끓어오르면 다시마를 건져 내고 된장과 고추장을 넣는다.

3 애호박, 두부, 느타리버섯, 홍고추를 순서대로 넣고 끓인다.

4 마지막에 냉이를 올려 불을 끈다.

봄향기 가득한 냉이 된장찌개입니다. 냉이는 마지막에 넣어주고 오래 끓이지 않아야 쌉싸름한 맛과 향을 느낄 수 있습니다.

뱀밥(쇠뜨기꽃) 볶음

재료

뱀밥 1줌, 표고버섯 2개, 양파 1/2개,

소금 1/2작은술, 후추 약간

1 뱀밥은 끝부분에 포자가 있어 흐르는 물에 살짝 헹군다.
2 팬에 기름을 두르고 양파와 표고버섯을 넣어 볶은 후 뱀밥을 넣어 볶는다.
3 소금과 후추로 간을 한다.

뱀밥은 쇠뜨기풀의 꽃입니다. 영화 〈리틀 포레스트〉에는 주인공이 뱀밥을 이용해 조림을 하는 장면이 나옵니다. 전에 뱀밥을 먹어본 적이 있어서 뱀밥 요리를 영화로 접했을 때 아주 반가웠지요. 쇠뜨기는 소가 먹는 풀이라고 알려져 있지만 실제는 소가 먹으면 설사를 일으킬 정도로 독성이 강하다고 합니다. 하지만 이른 봄에 피는 쇠뜨기꽃인 뱀밥은 꽃차를 만들거나 음식으로 이용할 수 있어 밥이나 국, 반찬으로 먹습니다.

쑥콩죽

재료

쑥 1줌, 불린 쌀 1컵, 불린 메주콩 2컵,

물 4컵, 소금 약간

1 메주콩은 하룻밤 정도 불려서 물을 자작하게 붓고 콩이 살짝 물러질 정도로 삶는다. (이때 나온 콩물은 버리지 않고 따로 모아둔다.)

2 껍질을 벗긴 콩은 물을 적당히 붓고 블렌더에 갈아준다.

3 불린 쌀은 물을 4컵 넣고 처음엔 센불로 끓인다.

4 끓기 시작하면 약불로 줄여 쌀이 퍼지도록 한다.

5 눌러붙지 않도록 중간중간 저어주다가 콩 삶은 물을 2컵 붓는다.

6 죽이 다 되면 마지막에 쑥을 넣어주고 바로 불을 끈다.

삶은 콩은 얼른 찬물에 담가야 비린 맛이 제거되고 껍질이 잘 벗겨집니다. 고소한 메주콩과 봄 쑥향이 잘 어울리는 영양죽입니다.

부지깽이 나물

재료

부지깽이 2줌, 국간장 1스푼,

깨소금 1/2큰술, 들기름 1 1/2큰술,

소금 1큰술(데침용)

1 부지깽이는 시금치처럼 뿌리부분에 붉은색이 도는데 이 부분은 영양이 많으니 잘라내지 않고 열십자로 나누어준다.

2 나물을 다듬은 후에 5분 정도 물에 담가두었다가 맑은 물이 될 때까지 흐르는 물에 헹군다.

3 끓는 물에 소금 1스푼을 넣고 1분 정도 살짝 데친다.

4 찬물에 헹구지 않고 체에 받쳐 물기를 빼준다. (봄나물의 향을 진하게 느끼고 싶다면 살짝 데친 후 헹구지 않고 잔열을 이용하여 익혀준다.)

5 국간장, 깨소금, 들기름을 넣어 조물조물 무친다.

부지깽이는 쑥부쟁이의 일종으로 '울릉도 취나물'이라고도 합니다. 정유성분이 있고 쫄깃한 맛이 나는 것이 특색입니다. 가능하면 양념을 간소하게 하여 나물 고유의 향과 질감을 느껴보세요.

머위순 장아찌

재료

머위순 200g, 다시마 표고국물 500ml,
진간장 1컵, 원당 1/2컵, 식초 1/4컵

1 머위순은 흐르는 물에 깨끗이 헹궈낸 후 물기를 제거한다.
2 간장물을 끓여 뜨거울 때 붓는다.
3 오래 두고 먹으려면 3~4일 후 간장물을 따라내어 끓인 후 식혀 부어준다.

봄에 나오는 새순엔 독성이 있어서 데쳐서 먹어야 탈이 나지 않습니다. "내가 더 자라야 하니 건드리지 말라"는 자연의 신호인 듯하지요. 장아찌를 담글 때는 흐르는 물에 깨끗이 헹궈낸 후 물기를 제거하는 것이 중요합니다. 독특한 향과 쌈싸름한 향에 반하는 야생초 반찬입니다.

원추리 토장국

재료

원추리 2줌, 쌀뜨물 6컵, 다시마(우표크기) 1개, 말린 둥굴레 2개, 표고버섯 2개, 된장 1 1/2큰술, 고추장 1/3큰술, 국간장 약간

1 원추리는 흐르는 물에 잘 헹군다.
2 쌀뜨물에 다시마와 둥굴레를 넣어 끓여준다. (쌀뜨물로 토장국을 끓이면 맛이 부드러워지고 함께 끓이는 나물의 풋내를 잡아준다.)
3 쌀뜨물이 부르르 끓어오르면 다시마와 둥굴레는 건져낸다.
4 된장과 고추장을 잘 풀어 넣는다.
5 된장이 풀어지면 깨끗이 씻어놓은 원추리를 넣어 한소끔 끓인 후 국간장으로 간을 한다.
6 마지막에 표고버섯을 편 썰어 넣어준다.

대부분의 봄나물에는 약간의 독성이 있지만 원추리의 독성은 특히 주의해야 합니다. 근심을 잊게 해주는 풀이라 '망우초'라 부르기도 하지요. 주로 데쳐서 무쳐 먹거나 국으로 끓여 먹는데 원추리는 꽃밥을 짓기도 합니다. 달짝지근하면서도 감칠맛이 있는 원추리는 몸과 마음을 안정시켜 스트레스를 해소하고 우울증을 치료하는 효과가 있습니다.

4월

April

씨앗 뿌리고 봄비 기다리는 날

청명(淸明)은 4월 4일 즈음으로 식목일 근처다. 봄의 절정은 기절기인 춘분(春分)이 지나고 온다. "청명에는 부지깽이를 거꾸로 꽂아두어도 싹이 난다"라는 말이 있듯이 겨우내 앙상했던 나무에도 새순이 올라오고 봄나물들도 파릇파릇하게 퍼져 나간다. 춥지도, 덥지도 않아 일년 중 몸이 가장 편안한 때가 이 시기인 듯하다.

봄부터 가을까지만 땅을 빌려 농사를 짓는 주말농장은 아직 텃밭 디자인으로 분주할 때이지만 겨울을 나는 부추, 파, 마늘, 달래, 양파 등은 겨울의 혹독한 추위를 이겨내고 이제 곧 땅 위로 올라올 준비를 한다.

겨울 추위를 이겨낸 이러한 오신채(五辛菜)는 우리 몸을 따뜻하게 하며 강한 에너지를 주기도 하지만 마음을 차분하게 가라앉히는 데는 방해가 되기도 한다. 사람도 환경에 따라 성격이 변하듯 채소들도 자신의 환경에 적응하며 각각의 성질이 만들어지는 것 같다.

곡우(穀雨)는 4월 20일 전후이며, 농사에 중요한 비가 내리는 시기이다. 봄에 씨앗을 뿌려본 분들은 이 시기의 봄비가 얼마나 중요한지 알게 된다. 땅이 촉촉하게 젖어 있어야 씨앗이 잘 발아되기 때문에 텃밭을 꾸리는 이들은 부지런히 텃밭을 챙겨 흙이 마르지 않도록 해야 한다.

곡우가 지나면서 대부분 서리가 지나가기 때문에 본격적인 농사철이 시작되는 시기이기도 하다. 모종을 심는 경우에는 냉해방지를 위해 곡우가 지나고 입하(立夏) 즈음하여 심는 것이 좋다.

4월

· 야생초 먹거리 ·

민들레, 소리쟁이, 부지깽이, 쑥, 질경이, 머위, 개망초, 뱀밥(쇠뜨기꽃), 조팝나물, 광대나물, 홋잎나물, 좋지나물, 삼잎나물, 별꽃, 제비꽃, 돌나물 등

· 텃밭 먹거리 ·

양파, 부추, 쑥갓, 래디시, 상추, 치커리, 겨자채 등

· 씨앗 파종 : 감자, 완두콩, 강낭콩, 부추, 쑥갓, 아욱, 땅콩, 당근, 토란, 브로콜리, 파, 오크라, 루콜라, 펜넬, 딜, 바질 외 허브 등
· 정식(모종으로 심어 땅에 옮겨 심는 작물) : 고추, 생강, 배추, 양배추, 상추 외 쌈채소

텃밭을 디자인하다

○
○
○

해마다 4월이 되면 마음이 바빠진다. 손바닥만 한 텃밭이지만 주말농장과 베란다 텃밭에 텃밭 디자인을 해야 하기 때문이다. 처음 주말농장을 시작했을 때는 화분에 고추 모종 몇 개 심어봤을 뿐 주위에 텃밭을 가꾸는 사람이 없어 씨는 언제, 어떻게 넣어야 하는지 전혀 감이 오지 않았다. 책을 보고 인터넷을 뒤져 알음알음 찾다 보니 가까운 곳에 '도시농부학교'라는 곳이 있다는 것을 알게 되었다. 그곳에서 텃밭농사에 대해 많은 도움을 받았지만 배우는 것과 직접 해보는 것은 전혀 달라서 여러 번 시행착오를 겪기도 했다.

처음엔 많이 먹을 욕심에 씨앗도 듬뿍듬뿍 뿌리고 모종도 내키는 대로 구입했다. 책에서 본 대로 모종 간격은 어른 발자국 정도 띄워 심을 때까진 좋았는데, 미처 자리를 잡지 못한 작물이 너무 많이 남게 되었다. 생명 있는 것들이라 버리긴 아까워서 어쩔 수 없이 콩나물 시루마냥 다닥다닥 붙여 심었더니 자라는 내내 바라보는 맘이 편치 않았다. 식물이나 사람이나 살아 있는 존재들은 자기만의 공간과 타인과의 적당한 거리가 필요하다는 것을 텃밭을 하면서 또 배우게 된다.

초보 농부를 조금 벗어난 지금, 봄이 되면 그동안 메모했던 것들을 모아 '텃밭 디자인'을 시작한다. 토마토, 가지, 고추같이 모종으로 심는 채소는 나중에 크게 자랄 것을 생각해서 어른 발로 두 발자국 정도는 공간을 두어야 하고, 씨앗으로 뿌려야 하는 종들도 날짜를 잘 기록해 파종 시기에 늦지 않도록 한다. 봄에 감자를 심을 계획이라면 6월 말 즈음 수확할 테니 수확 후 땅에 영양을 주어 가을작물인 김장무와 배추를 심는 것이 좋다. 열무나 얼갈이처럼 금방 뽑아 먹는 것은 중간에 심고 부추나 근대같이 생육기간이 긴 작물은 가장자리에 둘 경우 작은 공간이라도 알뜰하게 사용할 수 있다.

콩과 식물은 중간중간 심어 천연 퇴비 역할을 하도록 하고 바질이나 토마토처럼 궁합이 좋은 식물들은 심는 시기가 다르더라도 함께 자랄 수 있도록 미리 자리를 비워두면 좋다. 매해 조금씩 배우게 되는 것들은 나만의 텃밭 디자인에 중요한 밑거름이 되어 쌓이니 시간이 흐르고 나이가 든다는 것이 그리 아쉬운 일만은 아닌 듯하다.

4월은 파종의 시기

파종(播種)은 곡식이나 채소를 키우기 위해 씨앗을 뿌리는 것을 말한다. 파종의 종류에는 크게 줄뿌림, 점뿌리, 흩어뿌림 세 가지 방법이 있다.

줄뿌림은 일직선으로 씨를 뿌리는 방법으로 상추나 쑥갓, 당근, 시금치처럼 씨앗이 작은 경우에 주로 사용한다. 고추지지대나 막대를 이용하여 1cm 정도 깊이의 골을 만들고 씨앗을 집어 서로 겹치지 않게 뿌린다. 씨앗을 넣은 후 골 양쪽 흙을 모아 손으로 가볍게 눌러준다. 발아가 될 때까지는 물을 줄 때 씨앗이 떠내려가지 않도록 주의한다.

점뿌림은 채소가 자라는 데 필요한 공간을 미리 정해두고 씨앗을 넣는 방법으로 점을 찍듯 한 구멍에 씨앗 2~3개를 넣은 후 성장이 가장 좋은 것을 남기고 솎아내기하는 것을 말한다. 보통 간격을 넓게 차지하는 완두콩, 강낭콩, 옥수수, 오크라, 펜넬 등의 씨앗을 뿌릴 때 적당하다.

흩어뿌림은 골고루 씨앗을 흩어뿌리는 방법으로 솎아낼 필요가 없는 루콜라, 열무, 얼갈이 등에 적당하지만 풀이 나면 관리하는 데 어려움이 있다.

껍질이 단단한 종자나 발아율이 낮은 작물은 물에 불린 후 파종할 경우 싹이 빨리 트며 발아율도 높아진다.

싹이 트고 나서 관리하기가 힘들거나 육모(모종을 만드는 일) 기간이 상대적으로 긴 작물은 모종으로 구입해서 옮겨심기 하는 방법을 사용하는데 주로 고추, 토마토, 가지, 오이, 수박, 참외 같은 열매채소를 키울 때 사용하면 시간과 노력을 줄일 수 있다. 파종 후 남은 씨앗은 잘 밀봉하여 냉장 보관하는 것이 좋다.

작물의 크기나 종자의 발아율, 종자의 크기에 따라 파종의 방법을 선택하게 되는데 씨앗의 자세한 정보는 구입한 씨앗의 봉투 뒷면에 기록되어 있으니 파종 전에 꼼꼼히 살펴보는 것이 중요하다.

이제 씨앗은 뿌려두었으니 흙과 물, 햇볕, 바람, 그리고 돌보는 자의 노력이 합쳐져 수확의 시기를 기다리게 된다. 씨앗이 좋지 못하면 아무리 노력을 기울이더라도 좋은 수확을 기대할 수 없고, 좋은 씨앗을 심더라도 환경이 좋지 않거나 돌보는 자의 노력이 부족하면 이 또한 결과가 좋지 않으니 우리가 먹는 음식은 자연과 인간, 어느 것 하나 빠지지 않고 함께 만들어내는 조화로운 결과물인 듯하다.

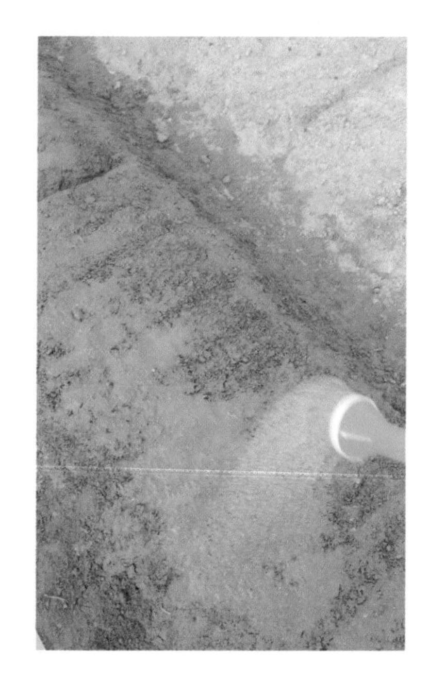

자연은
자신의 속도대로 자란다

○
○
○

오래전 이야기지만 우리나라 방송사에서 일본 NHK에서 방영되었던 〈기적의 사과〉라는 다큐멘터리를 소개한 적이 있다. 방송에서는 농약을 사용하지 않고 키운 채소들이 썩지 않고 말라가는 모습을 보여주었는데 그 모습이 꽤나 인상 깊었다. 마트에서 구입한 채소들을 냉장고에 넣어두면 일주일도 채 되지 않아 대부분 물러지며 썩어가는데 유기농으로 키운 채소는 썩지 않고 말라간다?

〈기적의 사과〉 주인공 기무라 아키노리에 의하면 사람들이 좋아하는 맛있는 사과를 재배하기 위해서는 끊임없는 품종개량이 이루어진다고 한다. 그로 인해 면역력이 약해진 사과나무는 병에 취약해지고 농부들은 상품성을 높이기 위해 화학비료를 사용하게 된다. 화학비료는 식물의 상품성을 높일 수는 있지만 과다하게 뿌려지면 영양분 불균형을 초래하여 결국 토양을 산성화시킨다. 화학비료 사용으로 겉모습은 좋아졌다지만 토양의 영양 불균형으로 체질이 약해진 작물은 병해충에 취약해지게 된다. 그러면 그때는 화학농약을 다시 사용할 수밖에 없는 악순환이 반복되는 것이다.

다큐멘터리에서는 사과 재배를 위해서 일년에 16차례나 농약을 친다고 했다. 기무라 아키노리는 농약에 면역이 약한 아내를 위해 무농약 재배를 공부하게 되었고 10년간의 노력 끝에 결국 농약을 치지 않고 사과 재배에 성공할 수 있었다.

그가 무농약 사과 재배에 성공할 수 있었던 이유는 무엇 때문이었을까?

아마 그의 지치지 않은 실험정신도 있었겠지만 자연이 스스로 회복되기를 기다려준 인내심 때문은 아니었을까?

상품성을 높이기 위해 화학비료를 치고 살충제를 뿌리는 것이 아니라 나무 스스로의 면역이 회복되기를 기다리는 일. 제대로 된 사과나무를 키우는 일은 왠지 자식을 키우는 일과 비슷하다는 생각을 해본다. 자기가 좋아하는 것이 무엇인지도 모른 채 남들 눈에 보기 좋게 키워지는 아이와 시간이 좀 걸리더라도 스스로의 힘으로 자기의 길을 찾아 나설 수 있는 아이. 그 차이는 결국 부모의 '기다림'에 의해 달라지는 것은 아닐까 생각해보게 된다.

요리하는 사람에게 텃밭채소가 자라는 모습을 보는 것은 참으로 귀한 체험이다. 사람이든 채소든 옆에서 자꾸 들여다보아야 그 성질을 알 수 있다. 자식을 키울 때, 아이의 성질을 보지 않으면 외모나 성적이 더 눈에 들어오듯이 식재료의 성질을 이해하지 못하면 단지 예쁘게 보이거나 입맛을 자극하는 요리를 하게 되기 쉽다. 자식을 키울 때 책에만 의지할 수 없듯 몸으로 부딪히며 알아가는 과정이 분명 필요하다고 생각한다. 누군가를 알아가는 데 시간과 노력이 필요한 것처럼 음식의 재료가 되는 식재료를 알아가는 데도 나름의 시간과 정성이 필요하다고 생각하니 해마다 텃밭을 찾게 된다.

4월의 요리

음나무(개두릅)순 튀김

재료

음나무순 200g, 튀김옷(통밀가루 1/2컵, 감자전분 1/2컵, 물 1/2컵, 소금 약간),
포도씨유(튀김용), 통밀가루 약간, 초간장(진간장 2큰술, 물 1큰술, 식초 1큰술)

1 두릅은 깍지부분을 제거하고 흐르는 물에 살짝 헹군 후 물기를 털어내고 통밀가루를 뿌려준다.
2 통밀가루와 감자전분, 소금을 넣고 차가운 냉수나 얼음을 넣어 튀김옷을 준비한다.
3 예열된 기름에 넣어 튀겨낸다. 기름의 온도는 나무젓가락을 살짝 넣었을 때 10초 안에 기포가 올라오면 적당하다.
4 튀겨낸 두릅은 기름을 제거하고 초간장과 함께 낸다.

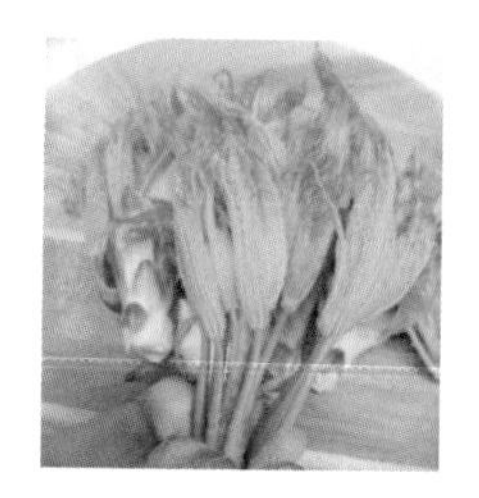

두릅 튀김은 새순이 가지고 있는 독성을 중화시킬 수 있는 방법으로 은은하면서도 쌉싸름한 향을 느낄 수 있는 요리법입니다.

조팝나무순 무침

재료

조팝나무순 2줌, 국간장 1큰술, 들기름 1 1/2큰술, 검정깨 1/2큰술, 소금 약간

1 조팝나무순은 이물질이 없도록 확인하고 잘 헹궈낸다.
(새순은 수돗물을 세게 틀어놓으면 잎에 멍이 생길 수 있기 때문에 받아놓은 물에 살살 헹궈주는 것이 좋다.)

2 끓는 물에 천일염을 조금 넣고 살짝 데친 후 받아놓은 찬물에 재빨리 식혀 준다.

3 손으로 살짝 눌러 물기를 제거하고 훌훌 털어 국간장, 들기름, 통깨를 넣고 조물조물 무친다.

조팝나무순은 겨울을 이겨낸 조팝나무 가지에서 올라온 새순을 말합니다. 겨우내 땅속에서 움츠렸던 뿌리가 새봄의 기운을 받고 흙 속에 영양분을 끌어올려 꽃도 피고 순도 만들어내니 처음 올라오는 새순은 그야말로 흙에 있는 농축된 영양을 먹는 것이나 마찬가지겠죠. 나물을 무칠 때는 잎이 억세지 않고 여린 잎만을 이용하기 때문에 일년 중 먹을 수 있는 날이 그리 길지 않습니다.
조팝나물은 약간 새콤한 맛과 쌉싸름한 맛이 나는데 쌉싸름한 맛이 부담스러운 분들은 물에 한 시간 정도 우려내고 나서 무치는 것이 좋습니다.

소리쟁이 된장국

재료

소리쟁이잎 2줌, 표고버섯 2개, 다시마 1장,

된장 1 1/2큰술, 국간장 1큰술, 쌀뜨물 6컵

1 소리쟁이는 물에 10분 정도 담근 후 씻어준다.
2 표고버섯은 물로 헹구지 말고 깨끗한 행주를 이용해 닦아준 후 얇게 채 썰어준다.
3 쌀뜨물에 다시마를 넣어 끓이다가 끓기 시작하면 다시마는 건져낸다.
4 된장을 넣어 한소끔 끓인 후 소리쟁이를 넣어준다.
5 5분 정도 끓인 후 표고버섯을 넣고 국간장으로 간을 맞춘다.
6 표고버섯이 살짝 익으면 그릇에 담아낸다.

벚꽃이 한창인 4월 중순 즈음에는 소리쟁이순이 연해서 먹기에 좋습니다. 소리쟁이 나물은 약간 신맛이 나며 미끌거리는 특징이 있는데 비해, 소리쟁이 된장국은 구수하면서도 시원한 맛이 텃밭 시금치국과 비슷하여 아이들도 좋아한답니다.

홋잎나물 주먹밥

재료

밥 2공기, 홋잎나물 2줌, 당근 1/3개,

김가루, 깨소금, 현미유 약간,

들기름 1큰술, 소금 약간

1 홋잎나물은 워낙 여리고 부드러워 잎이 멍들지 않도록 받아놓은 물에 씻어 낸다.
2 끓는 물에 천일염을 넣고 30초 정도 살짝 데친 후 찬물에 얼른 헹궈낸다.
3 당근 1/3개를 굵게 다져 현미유에 볶아낸다.
4 밥, 홋잎나물, 당근, 김가루, 깨소금을 볼에 넣고 들기름을 한 방울 떨어뜨린다.
5 한입 크기로 먹기 좋게 주먹밥을 만들어낸다.

홋잎나물은 봄이 되면 가장 먼저 나오는 봄나물 중 하나인 화살나무의 새순입니다. '홋잎나물' 또는 '홑잎나물'이라고 하지요. 홋잎나물은 어혈을 풀고 혈액순환을 좋게 하여 고혈압과 동맥경화 예방에 도움이 되며, 신경을 안정시켜 불면증이나 우울증 완화에도 좋다고 합니다.
쌉싸름한 맛이 나지만 아이들과 함께 주먹밥을 만들면 나물을 좋아하지 않는 아이들도 잘 먹는답니다.

5월

May

바야흐로 텃밭채소의 시기

5월 guide

입하(立夏)는 여름이 일어선다는 뜻이다. 이때가 되면 냉해에 대한 걱정은 대부분 사라진다. 음력 3월 20일경 입하(5월 5일경) 즈음에 내리는 늦서리는 벌레들을 한꺼번에 씻겨 내려가게 하지만 애써 심어놓은 작물들마저 냉해를 입힐 수 있다. 그래서 모종을 심는 경우엔 대부분 입하를 지나 심는 것이 안전하다. 초등학생 때 운동장에서 놀다가 갑자기 떨어지는 우박소리에 놀라 대피했던 기억이 있다. 겨울도 아닌데 작은 돌멩이 같은 얼음조각이 하늘에서 떨어지니 어린 나의 눈에도 신기했었는데 지금 생각해보니 입하 즈음이었던 것 같다.

입하가 되면 들나물들은 꽃대가 올라오고 억세져서 먹기가 힘들지만 지난달 씨앗을 뿌려놓은 잎채소들은 밥상에 자주 오르니 바야흐로 텃밭의 시기가 오고 있음을 느끼게 된다. 그런데 이들만 자라는 것이 아니다. 질경이, 비름, 명아주, 괭이밥, 뽀리뱅이 같은 자생초들도 함께 자라니 작물의 성장을 위해서는 이들을 뽑아내야 한다. 제초제 같은 화학농약을 사용하지 않으니 시간이 나는 대로 먹을 수 있는 질경이, 비름, 명아주 같은 야생초들은 뜯어 밥상에 올린다.

소만(小滿)은 5월 21일경으로 만물이 생장하여 가득 찬다는 뜻이다. 즉, 여름 기운이 차오르며 농사의 시작을 알리는 시기이다. 입하가 지나고 모종으로 심은 토마토, 가지, 오이, 고추, 참외, 애호박 같은 작물들은 어느 정도 자리를 잡아간다. 이 시기엔 튼튼하게 자랄 수 있도록 버팀목도 세워주고 영양이 줄기가 아닌 열매로 많이 가도록 하기 위해서는 곁순도 따주어야 하고 뿌리나 밑줄기를 흙으로 두둑하게 덮어주는 북주기도 잊어서는 안 된다. 특히 토마토는 곁순이 눈에 띌 때마다 따주어야 열매가 크게 성장할 수 있다. 지난달 씨앗을 뿌린 상추, 쑥갓, 아욱, 근대, 열무, 얼갈이, 루콜라 같은 잎채소와 뿌리가 생기기 시작한 당근도 부지런히 솎아내어 공간을 내어주어야 한다.

솎아낸 채소는 버리지 말고 비빔밥이나 샐러드로 이용한다. 솎은 채소는 마트에서 구입하기 힘든 것들이기에 텃밭인들만이 누릴 수 있는 이 시기의 호사다. 라일락꽃이 한창 때를 보내고 나면 찔레꽃에 이어 아카시아향이 코끝에 전해진다. 꽃들은 자기 순서를 어찌 알고 기다렸다 피어나는지 자연은 참으로 신기하기만 하다.

5월

· 야생초 먹거리 ·

명아주, 질경이, 소리쟁이, 왕고들빼기, 머위 등

· 텃밭 먹거리 ·

양파, 열무, 시금치, 당근잎, 상추 외 쌈채소, 쑥갓, 부추, 아욱, 근대,
루콜라, 딜, 펜넬, 고수, 래디시, 딸기 등

· 씨앗 파종 : 수수, 옥수수, 콩, 팥, 참깨, 들깨, 토란 등
· 정식 : 벼, 고구마, 고추, 파, 생강, 배추, 양배추, 케일, 참외,
수박, 오이, 호박, 토마토, 가지, 브로콜리 등

텃밭 입문,
상추 키우기

○
○
○

상추는 키우기 쉽고 빨리 자라 텃밭을 처음 가꾸기 시작한 이들에게 인기가 좋은 채소다. 서늘한 기후를 좋아하는 상추는 15~25℃가 최적의 조건으로 8℃ 이하로 내려가거나 30℃가 올라가는 온도에서는 성장이 더디게 된다. 중부 지방에서는 3월에 파종을 하고 4월에 이식하여 5월부터 수확한다. 가을에는 8월 말에 파종하여 9월 중순부터 11월까지 먹을 수 있다.

상추 씨앗은 사이즈가 작아 골고루 파종하기 쉽지 않은데 보통 1cm 간격에 하나씩 파종한 후 솎아내기하며 키운다. 파종 시기를 놓쳤거나 번거롭다면 모종으로 심어도 된다. 모종으로 심을 때는 포기 간격을 25cm 정도 두어 바람이 잘 통하도록 한다. 한여름, 온도가 너무 높으면 싹이 트지 않거나 녹아내리게 되니 재배 시기만 잘 지키면 비교적 잘 자라 키우기가 쉽다.

6월 말 장마 즈음이 되면 꽃대가 보이고 7월 중순이 되면 꽃이 피기 시작하는데 이 시기엔 잎이 질겨지며 쓴맛이 나기 때문에 뽑아내고 다른 작물을 심는다. 어느 해인가 버려지는 상추꽃대(대궁)가 아까워 껍질을 살짝 벗긴 후 볶아보았는데 아삭한 맛이 어찌나 좋던지……. 그 후로는 상추꽃대로 샐러드를 하거나 장아찌를 담가 먹는다.

상추를 키우는 일은 까다롭지 않지만 수확할 때는 주의해야 할 점이 있다. 쑥갓을 수확할 때는 줄기 윗부분을 따지만 상추는 윗부분 3~4장의 잎을 남기고 밑동부터 조심스럽게 비틀며 수확해야 한다. 간혹 뜯어낸 자리에 잎이 남게 되면 짓물러져 세균이 번식할 수 있기 때문에 상추 같은 잎채소를 수확할 때는 이

부분을 꼭 주의해야 한다. 처음 텃밭농사를 시작했을 때는 상추만 반고랑을 심어 여기저기 인심을 쓰고도 처치를 못 할 지경이었는데 요즘은 루콜라나 래디시 같은 특수채소도 기르게 되니 잎채소의 비중은 점점 줄어들고 있다.

우리 가족이 처음으로 키운 상추는 삼겹살을 구워 쌈장에 싸 먹었던 것 같다. 아삭한 상추의 식감은 고기를 좋아하는 남편을 주말이면 군말없이 밭으로 오게 만들었다. 상추를 포함한 쌈채소는 15~20포기만 있으면 4인 가족 기준으로 모자라지 않게 거두어 먹을 수 있다. 고기에 싸 먹는 쌈채소로도 좋지만 가볍게 샐러드로 즐길 수 있고 된장국을 끓여도 맛있다. 텃밭에서 자란 상추는 줄기와 잎에서 우윳빛 진액이 유독 많이 보이는데 여기에는 신경을 안정시켜 수면을 유도하는 성분이 들어 있기 때문에 숙면을 취하지 못하는 이들에게 좋은 채소다.

쑥쑥 자라서
쑥갓?

○
○
○

쑥갓은 봄, 가을 일년에 두 차례 파종할 수 있다. 봄에 파종한 쑥갓은 장마철이 되면 대부분 녹아내리지만 가을 쑥갓은 11월 말까지 먹을 수 있다. 처음 주말농장을 시작했을 때는 쑥갓을 모종으로 사다 심었다. 그런데 5월이 되어 날씨가 따뜻해지자 꽃망울이 생기고 잎이 억세지는 것이 키우는 재미를 별로 느끼지 못했다. 그 다음해부터는 쑥갓은 모종이 아닌 씨앗으로 파종했다. 그런데 어느 정도 양을 뿌려야 하는지 감이 없어서 씨앗 한 봉지를 모두 뿌렸더니 자라면서 바람이 잘 통하지 못한 탓인지 대부분 짓물러져 버렸다. 주말농장의 다른 밭들은 줄 맞춰서 어찌나 예쁘게 자라던지……. 씨앗을 뿌리는 데도 오랜 경험을 통한 노하우가 필요하다는 것을 주말농장 선배님들을 보면서 알 수 있었다.

쑥갓은 씨앗을 뿌리고 나면 발아가 빠른 편이라 2주가 못 되어 떡잎이 올라오고 다른 잎채소와는 다르게 키가 쑥쑥 자라는 것이 특징이다. 본잎이 올라온 후 10cm 정도 자라면서부터가 먹기 좋은데 이즈음 쑥갓은 잎이 여리고 부드러워서 비빔밥에 잘 어울린다. 겨우내 에너지가 충전된 흙에서 자란 첫 수확물이기 때문일까? 어린 쑥갓이 자라는 모습은 보고만 있어도 싱싱한 기운이 느껴진다. 꽃은 6~8월에 노란색 또는 흰색으로 피는데 꽃을 보기 위한 것이 아니라면 꽃망울이 보일 때마다 수시로 따주어 영양이 꽃으로 몰리지 않도록 하는 것이 좋다.

수확을 할 때는 줄기 끝부분부터 시작해서 아래로 내려오며 부드럽게 똑 끊어지는 부분을 꺾는다. 원줄기 끝부분을 잘라주면 줄기가 빠르게 성장하는 것을 막을 수 있고 잎이 여러 갈래로 퍼져 더욱 풍성하게 키울 수 있다. 독특한 향기는 정유성분으로 위를 따뜻하게 하고 장을 튼튼하게 하며 식물성 섬유가 많아 변비에도 좋다. 쌈이나 샐러드로 많이 먹지만 데친 후 간장과 들기름을 넣어 조물조물 무쳐놓으면 약간 질긴 듯한 줄기도 부드럽게 먹을 수 있다.

수분이 많아 쉽게 물러지기 쉬우니 냉장고에 오래 두지 말고 가능하면 빨리 먹는 것이 좋은데 간혹 남는 쑥갓이 있다면 살짝 데친 후 송송 썰어 주먹밥을 만들거나 찌개나 맑은국에 넣어도 좋다. 향이 있는 채소이긴 하지만 맛과 향이 강하지 않아 요리에 무난하게 잘 어울리니 텃밭에 빠뜨릴 수 없는 채소 중 하나이다.

요리의 멋을 살리는 래디시

○
○
○

래디시(Radish)는 '20일 무'라고 불릴 정도로 재배 기간이 짧은 것이 특징이다. 키우기가 까다롭지 않아 한여름과 한겨울만 피하면 연중 재배할 수 있다고 하지만 잎만 무성하게 자라고 뿌리부분이 무처럼 길게 자랐던 것을 보면 내겐 그리 쉬운 작물은 아니었다. 래디시 잎이 무성했던 이유는 질소(N) 거름인 오줌액비를 자주 주었기 때문인 것 같다. 오줌액비에는 질소성분이 많이 들어 있어 잎을 자라게 하고 채소를 크게 키우는 역할을 한다. 뿌리를 튼튼하게 하기 위해서는 질소보다는 칼륨(K)이 들어 있는 거름을 주거나 솎아주기를 잘 해서 포기 간격을 확보해주어야 한다는 사실을 알게 되었다. 질소, 칼륨 외에 식물의 성장을 위해 필요한 주요성분으로 인산(P)이 있다. 인산은 꽃을 잘 피우게 하고 열매가 잘 열리게 한다.

어느 해부터인가 아깝다 생각하지 않고 솎아내기를 해주었더니 동그랗고 예쁜 래디시를 수확할 수 있었다. 래디시는 입맛을 돋우는 붉은색을 띠고 있어 데커레이션이나 가니쉬(음식을 보기 좋게 하거나 식욕을 돋우기 위해 하는 장식)에 많이 사용된다. 샐러드나 초절임을 할 때는 뿌리부분을 이용하지만 살짝 볶거나 국을 끓일 때는 잎부분을 이용하기도 한다.

씨앗을 뿌릴 때는 겉흙에 1cm 정도 고랑을 만들어 줄뿌림해주는 것이 좋다. 씨앗을 뿌린 다음에는 손으로 흙을 가볍게 눌러주고 잎이 나올 때까지는 흙이 마르지 않도록 물을 자주 주는 것이 중요하다. 15일 정도 후면 떡잎과 본잎이 나온다. 래디시는 햇빛이 잘 드는 곳이라면 발아율도 좋고 싹이 빨리 트는 편이다.

20일 정도 지나면 본잎이 자라기 시작하니 솎아주기를 하며 키운다. 식물도 자기만의 적당한 공간이 필요하다는 것을 알지만 솎아내기할 때는 왜 이리 아깝던지……. 살짝 뽑아보니 뿌리부분이 빨갛고 굵어지기 시작했다.

30일 후면 뿌리가 흙 위로 올라오며 이제 슬슬 수확 준비를 하라고 알려준다. 이때는 북주기를 해서 뿌리가 곧게 자라도록 한다. 35일째 되는 날 동글동글 귀여운 래디시를 수확할 수 있었다. 수확할 때는 잎을 통째로 잡고 뿌리째 뽑아낸다. 수확 시기를 놓치면 무 표면이 갈라질 수 있기 때문에 적기에 수확하는 것이 중요하다. 알사탕 같은 뿌리가 쏙쏙 뽑히며 키우는 재미를 안겨주는 래디시는 앞으로도 텃밭에 빠지지 않는 채소가 될 듯하다.

여름 김치 재료로 빠질 수 없는
열무

○
○
○

열무는 주말농장에서 거의 빠지지 않는 인기작물이다. 파종 후 40일 정도면 수확할 수 있어 작물을 수확하고 난 후 다른 작물을 심기가 애매할 경우에 키우기 좋다. 서늘한 기후를 좋아하여 여름보다는 봄, 가을에 재배하기가 적당하다. 상추와 쑥갓 같은 잎채소의 파종 시기인 3월 말이나 4월에 파종하여 5월이면 수확할 수 있다.

열무는 처음 밭을 일굴 때 밑거름을 넉넉하게 주면 따로 웃거름을 주지 않아도 잘 자란다. 봄에 파종한 열무는 풀이 자리잡을 틈이 없을 만큼 빨리 자라지만, 가을에 파종하면 보통 비름나물이나 질경이 같은 야생초와 같이 자랄 만큼 온도에 따라 성장속도가 달라진다. 열무 재배에 가장 적당한 온도는 20℃이다.

비교적 키우기 쉬운 작물이지만 벌레가 너무 많이 먹는다는 문제가 있다. 보통 벼룩잎벌레와 나비나 나방의 유충이 열무의 어린잎을 먹어댄다. 이때는 목초액을 이용하면 좋다. 목초액은 참숯을 만드는 과정에서 발생하는 연기를 추출하여 얻은 액체를 말한다. 물과 목초액의 비율을 500 대 1로 섞어 뿌려주면(1리터에 2ml 정도) 어느 정도는 해충 피해를 줄일 수 있다.

텃밭에 열무를 빠뜨리지 않는 이유는 여름 김치를 만들기 위해서다. 김장김치가 떨어져갈 즈음 텃밭 열무와 얼갈이 그리고 햇양파를 넣어 만든 열무김치는 아삭하면서도 시원한 맛에 빠뜨릴 수 없는 밑반찬이 된다. 열무는 살짝 데쳐 무쳐도 맛있고 된장국을 끓여도 좋다. 여린 열무잎은 송송 썰어 고추장과 들기름만 넣고 비벼도 입에 침이 고일 만큼 맛있다.

씨앗을 파종하고 5~6일이 지나면 떡잎이 올라오는 모습을 볼 수 있고 며칠 더 있으면 본잎이 올라오기 시작한다. 옮겨심기가 안 되므로 직파를 하는 데 보통 줄뿌림이나 흩어뿌림 후 솎아내기를 하며 키운다. 다른 작물에 비해 수분을 많이 필요로 하기 때문에 흙이 마르지 않도록 2~3일에 한 번씩 물을 자주 주는 것이 좋다. 파종 후 20일 정도 지나면 먹을 수 있을 만큼 자라는데 이때 날씨가 따뜻하면 빠른 성장을 보인다. 여름에는 30일 정도 지나면 수확할 수 있고 보통 45일 전후로 수확할 수 있을 만큼 빨리 자란다.

5월의 요리

잎채소 샐러드

재료

어린잎채소 2줌, 새싹채소 1/2줌, 드레싱(진간장 2큰술, 레몬즙 2큰술, 들기름 2큰술, 볶은 깨 2큰술)

1 잎채소와 새싹채소는 깨끗이 헹군다.
2 볶은 깨는 절구에 넣어 갈아준다.
3 소스볼에 진간장, 레몬즙, 들기름, 깨를 넣어 드레싱을 만든다.
4 접시에 잎채소와 새싹채소를 올리고 드레싱을 뿌린다.

솎아주기한 잎채소들을 이용하여 만든 간단 샐러드입니다. 레몬즙을 이용하면 간장 특유의 냄새와 짠맛을 동시에 잡을 수 있습니다.

쑥갓 연근 샐러드

재료

쑥갓 2줌, 연근 1/4개, 호두 10개,

말린 토마토 5개, 드레싱(진간장 1 1/2큰술,

들기름 2큰술, 식초 2큰술, 원당 1큰술)

1 쑥갓은 흐르는 물에 잘 헹구고 연근은 반으로 갈라 얇게 썰어준다.

2 끓는 물에 연근을 살짝 데쳐낸 후 찬물에 식힌다.

3 쑥갓도 질긴 줄기부분이 있다면 끓는 물에 살짝 넣었다 뺀 후 식혀낸다.

4 체에 받쳐 물기를 제거한다.

5 소스볼에 진간장, 들기름, 식초, 원당을 섞어 드레싱을 준비한다.

6 쑥갓과 연근을 그릇에 담고 드레싱을 뿌린 후 호두와 말린 토마토를 올린다.

살짝 데친 연근의 아삭함과 은은한 쑥갓향이 잘 어울리는 샐러드입니다. 쑥갓은 된장을 곁들여 국이나 나물, 쌈으로 먹어도 맛있지만 간장 드레싱과도 무척 잘 어울린답니다. 냉동실에 말려둔 토마토가 있어 넣어봤는데 건포도나 건자두로 대체하셔도 좋습니다.

래디시 샐러드

재료

래디시 2개, 어린잎채소 2줌, 통율무 1/2컵, 오이 1/3개, 마요네즈 소스(두유 100ml, 두부 80g, 볶은 잣 2큰술, 현미식초 1큰술, 포도씨유 4큰술, 소금 1꼬집)

1 통율무는 냄비에 넣고 30분 정도 삶아 식힌다.
2 블렌더에 두부, 볶은 잣, 현미식초, 두유를 넣은 후 포도씨유를 조금씩 넣으며 갈아준다.
3 어린잎채소는 흐르는 물에 깨끗이 헹구고, 오이는 반으로 갈라 굵게 썬다.
4 래디시는 얇게 썰어 준비한다.
5 샐러드볼에 잎채소와 래디시, 통율무, 오이를 올리고 마요네즈 소스를 뿌린다.

계란과 우유를 넣지 않은 채식 마요네즈 소스입니다. 올리브오일보다는 포도씨유을 넣으면 깔끔하고 신선한 마요네즈를 즐길 수 있습니다.

열무 비빔밥

재료

| 2인분 |

현미밥 2공기, 열무 1줌, 사과 1/8개, 방울토마토 8개, 발아녹두 2큰술, 오이 1/4개,

표고버섯 4개(현미유, 들기름), 레몬 2쪽,

소스(된장 2큰술, 고추장 1큰술, 매실청 1 1/2큰술, 생들기름 1큰술)

1 소스볼에 된장, 고추장, 매실청, 생들기름을 넣어 소스를 준비한다.
2 표고버섯은 얇게 썰어 현미유와 들기름을 넣어 볶는다.
3 오이와 사과는 굵게 채 썰어 준비한다.
4 방울토마토는 4등분하고, 열무는 송송 썰어준다.
5 그릇에 현미밥을 담고 손질한 재료를 올린 후 소스를 곁들인다.

밭에서 키운 열무는 고추장만 넣고 비벼도 맛있지만 냉장고에 있는 재료들을 이용하면 멋스런 한 그릇 요리가 됩니다. 발아녹두는 천을 덮지 않고 숙주나물 키우듯이 물을 자주 주어 키웁니다. 녹두는 몸에 쌓인 노폐물을 해독시켜 몸 밖으로 배출시키는 효과가 있습니다.

딸기 푸딩

재료

제철과일(딸기, 산딸기) 2컵, 사과주스 300ml,

한천(후레이크) 2큰술, 소금 1꼬집, 애플민트잎(장식용)

1 냄비에 사과주스, 한천, 소금을 넣고 한천이 녹을 때까지 저어주며 약 10분 정도 끓인다.
2 제철과일인 딸기와 산딸기를 컵에 담는다.
3 한천을 녹인 물을 붓고 식힌다.
4 살짝 굳은 후 애플민트잎으로 장식한다.

5월과 6월이 제철인 딸기와 산딸기를 이용해서 만든 마크로비오틱 딸기 푸딩입니다. 이즈음 하우스가 아닌 노지에서 자란 딸기는 겨울철 딸기에 비해 크기는 작지만, 새콤한 맛이 어릴 적 먹었던 딸기의 맛을 떠올리게 합니다.

6월

June

잎채소가 가장 맛있는 달

6월
guide

망종(芒種)은 6월 5일 즈음이다. 벼, 보리처럼 까끄라기(芒) 수염이 있는 곡식을 거두고 벼 종자를 뿌리기에 적당한 시기이다. 텃밭의 채소들도 빠르게 자라난다. 열무, 아욱, 근대, 쑥갓, 상추, 루콜라 등 대부분의 잎채소들이 가장 맛있는 때이다.

입하 지나고 심은 고추, 가지, 토마토, 강낭콩, 완두콩 등도 열매가 달리기 시작하고 바질, 딜, 펜넬, 타임, 민트, 한련화 같은 허브들도 빠르게 성장한다.

파종 시기가 비교적 넓은 콩과 식물인 그린빈은 6월 지나 씨앗을 넣었는데 날씨가 따뜻하니 일주일도 안 되어 떡잎이 올라왔다. 이 시기엔 풀들도 힘차게 올라오기 때문에 초반에 기선을 잡지 못하면 장마가 시작될 즈음에는 감당이 안 되어 텃밭을 포기하는 일이 생길 수 있다.

망종 근처에는 음력 5월 5일 단오가 있다. 단오에는 조상에게 차례를 지내지 않고 마을을 지켜주는 수호신에게 제사를 지낸다. 단오가 지나면 꽃대가 올라오거나 억세지기 때문에 단옷날에는 수리취떡이나 여러 가지 나물을 해 먹는다.

하지(夏至)는 6월 21일 즈음이다. 일년 중 낮이 가장 긴 날로 여름의 기운이 가득하다. 동지(冬至)와는 반대로 양성이 가장 극에 달하는 시기이기 때문에 이제 조금씩 음성으로 넘어가며 밤이 서서히 길어지기 시작한다. 계절은 양성의 에너지가 강해서 식물들은 상대적으로 음성인 수분을 강하게 흡수하게 된다.

하지 즈음에는 시장에 햇마늘과 햇양파가 나온다. 이 시기에 장마가 오면 잎채소들은 녹기 시작하니 부지런히 걷어 먹는다. 완두콩, 강낭콩 등도 꼬투리가 익어가니 장마가 오기 전에 수확하여 먹는다. 강낭콩은 이즈음에 수확하여 콩을 다시 땅에 넣으면 가을에도 거둘 수 있어 두벌콩이라 부른다.

가장 빨리 씨앗을 넣는 씨감자는 장마 즈음 수확하는데, 줄기를 들어 올리면 뿌리 끝에 크고 작은 감자가 줄줄이 사탕처럼 따라 올라온다. 이 재미에 아이들은 유치원에서 단체로 '감자 캐기 실습'을 나오기도 한다. 감자를 찾을 때마다 보물찾기 하는 기분도 낼 수 있다.

6월

· 야생초 먹거리 ·

쇠비름, 비름, 소리쟁이, 명아주

· 텃밭 먹거리 ·

밀, 보리, 양파, 마늘, 시금치, 오이, 호박, 토마토, 상추 외 쌈채소, 감자, 쑥갓, 아욱, 근대, 당근, 완두콩, 강낭콩, 그린빈, 펜넬, 딜, 루콜라, 딸기, 바질 외 허브 등

· 씨앗 파종 : 콩, 팥, 양배추 등
· 정식 : 파, 들깨 등

비타민 C가 듬뿍~
감자 캐러 가자

○
○
○

감자는 한 해 농사의 시작을 알리는 작물이다. 3월이 되면 밭정리를 하고 가장 먼저 감자를 심는다. 감자를 심을 때는 지난해 감자를 씨감자로 사용하는데 반으로 잘라 사용하거나 자르지 않고 그냥 사용하기도 한다.

씨감자의 양이 적어 반으로 잘라야 할 경우에는 감자에서 싹이 나와 자리를 잡을 만큼의 영양이 있어야 하기 때문에 너무 작지 않게 자르고, 자를 때는 재를 태워 소독을 한 후 묻어주어야 한다고 배웠다. 하지만 이 과정이 꽤나 번거로워 생략하고 심었는데 다행히도 아무 문제없이 잘 자라주었다. 다만 씨감자에 수분이 많을 경우 땅속에서 썩어버릴 수 있기 때문에 최대한 말려서 사용하고 가능하면 싹을 어느 정도 틔운 상태의 감자를 사용하면 실패할 확률이 적다.

감자는 심은 곳에서부터 위쪽으로 열리기 때문에 가능하면 깊게 심어주는 것이 좋지만 씨감자를 너무 깊게 넣을 경우 발아가 힘들 수 있기 때문에 흙을 반 정도만 덮어준 후에 싹이 나오면 마저 덮어주는 것이 좋다. 파종 후 대략 30일 정도 지나면 싹이 올라오는데 이때는 북주기(흙으로 작물의 뿌리부분을 두둑하게 덮어주는 일)를 하여 씨감자 위에 감자가 열릴 수 있는 공간을 충분히 만들어준다.

감자순은 씨감자 하나에 보통 3~5개 정도 올라오는데 처음 감자를 키울 때는 우리 밭에 감자순이 가장 풍성하고 꽃도 많이 피어서 감자농사가 잘되는 줄 알고 좋아했었다. 그런데 뿌리로 가야 하는 영양분이 줄기나 꽃으로 가다 보니 수확기에 감자는 대부분이 자라다 만 것처럼 알이 작았다. 그 후에 감자는 보통 2~3개의 순만 남기고 잘라주어야 한다는 것을 알게 되었다. 순지르기를 할 때

는 키가 작고 병든 것을 위주로 하고 크고 건강한 순을 남긴다. 5월 중순이 되면 감자꽃이 핀다. 수확량을 늘리기 위해 감자꽃을 따주어야 한다는 말이 있지만 이 시기 감자꽃이 활짝 핀 텃밭을 보는 것도 큰 즐거움이라 일부러 따주진 않았다.

꽃이 피고 한 달 정도 지나면 감자를 캐기 시작한다. 꽃이 피면서 감자가 굵어질 때는 물을 많이 주어야 한다. 수확기가 되면 감자줄기는 옆으로 눕고 잎과 줄기는 시들기 시작한다. 이때가 되면 보통 장마가 시작되어 많은 비가 오기 때문에 서둘러 감자를 캐기 시작한다. 햇빛을 받을 경우 껍질이 녹색으로 변하고 '솔라닌'이라는 독성이 만들어지기 때문에 햇빛이 들지 않게 박스에 담아 그늘에 보관한다. 간혹 비닐에 보관할 경우 비닐 속에 생긴 수분이 감자로 흡수되어 금방 물러져 썩기 쉽다.

감자나 고구마, 당근 같은 근채류는 대부분 알카리성 식품이기 때문에 육류나 인스턴트 식품을 자주 먹어 몸이 산성화되어 있는 현대인에게는 몸을 중화시킬 수 있는 좋은 식품이다. 보통 비타민 C는 레몬이나 사과에 많이 들어 있다고 생각하는데 감자는 사과보다 비타민 C가 무려 5배가 더 들어 있다고 한다. 그래서 프랑스에서는 감자를 밭에서 나는 사과라고 부르며, 북유럽에서는 북유럽의 오렌지라고 부른다.

감자는 저장식품으로 먹을 수 있는 기간도 길어 현대인들이 가장 많이 먹는 채소 중 하나가 아닐까 하는 생각이 든다. 국, 밥, 조림, 찌개, 전, 떡 등 한식 요리에도 많이 쓰이고 포테이토칩, 프렌치프라이, 수프, 샐러드 같은 서양요리에도 빠질 수 없는 중요 식재료다.

텃밭에서 농약을 쓰지 않고 키운 감자는 껍질을 말려 차로 이용해도 좋다. 대부분 채소의 껍질에는 항산화물질이 많이 들어 있다. 하지만 농약을 사용할 경우, 감자 껍질에 농약 성분이 더 많이 묻어 있을 수 있어 껍질을 벗겨내는 게 좋다. 생감자 앙금은 상처에 닿으면 막을 만들어 상처를 보호하는 성질이 있어

위나 십이지장궤양을 치료하는 데 도움이 된다. 만드는 방법은 이렇다. 껍질을 벗기고 눈을 도려낸 후 강판에 갈아준 다음 베주머니에 짜서 감자물을 만든다. 반나절 정도 지나 맑은 물을 따라내고 난 감자앙금을 공복에 복용하면 된다. 한동안 위궤양으로 고생했던 내게 감자앙금은 좋은 치료제가 되어주었다.

차로 만들어 먹는 감자 껍질

뿌리부터 잎까지 먹는 텃밭표 채소,
당근

○
○
○

어릴 적 잘 먹지 않던 것 중에 어른이 되어 좋아진 채소를 뽑으라면 당근, 가지, 콩 등이 떠오른다. 그중에서도 당근은 왠지 비릿한 향이 느껴져서 왜 그렇게 손이 안 가던지……. 눈에 좋은 영양소가 많이 들어 있다 해서 어떻게든 먹어보려 했지만 그 입맛은 텃밭을 드나들기 전까지 계속되었다.

당근은 봄, 가을에 두 번 씨앗을 뿌려 거둘 수 있는 채소다. 처음 당근을 키울 때는 씨앗을 뿌리고 난 후 이식(옮겨심기)을 했었다. 그런데 우리 집 당근은 모양이 울퉁불퉁한 것이 어떤 건 자라다 말고, 어떤 건 휘어져버려 영 예쁘지가 않았다. 화학비료를 주지 않아 자연스레 자라서 그런 것 같다며 나름 위안하며 있었는데 블로그 이웃이 당근 사진을 보고 당근 같은 근채류는 옮겨심기를 하지 않고 씨를 뿌린 후 '솎아주기'를 해야 한다고 알려주셨다. 덕분에 그 다음해부터는 쭉쭉 뻗은 늘씬한 당근을 볼 수 있었다. 밭에서 갓 캐낸 당근은 수분이 많아 아삭하면서도 단맛이 난다.

텃밭을 다니기 전까지는 당근잎을 본 적이 없었다. 당근잎이 어른 손바닥 반 뼘 정도 자리면 뿌리가 잘 자랄 수 있도록 솎아주어야 한다. 베이비당근은 샐러드로 이용하지만 당근잎은 어떻게 먹어야 할지 몰라 버려졌다. 화학비료와 농약 없이 키우는 텃밭이라 옆에서 자라는 쇠비름, 비름나물, 명아주, 질경이 같은 잡초라 불리는 나물들도 밥상에 올리는데 당근의 어린잎이 그냥 버려졌던 것이 너무도 아까웠다.

외국에서는 당근잎을 떼어내지 않고 판매하는 모습을 볼 수 있다. 당근잎도

먹을 수 있다는 건데 어찌 먹을까 궁리하다가 샐러드를 만들어보았다. 당근잎에서도 은은한 당근향이 나는 것이 입맛 돋우는 나만의 샐러드가 나왔다. 그 후로 당근잎을 이용하여 장떡도 만들고 튀김도 하고, 쿠키도 만들며 여러 가지 요리를 찾아가고 있다. 우리가 흔히 "이런 것도 먹어요?" 하는 것들 중에 독이 있는 것 빼고는 대부분 먹을 수 있는 것들이다. "어디에 뭐가 좋다더라~"라는 누군가의 이야기를 쫓기보단 자연에 관심을 갖다 보면 의외로 감사하게 먹을 수 있는 것들이 많다.

당근잎 장떡

당근 피클

가정 상비약으로 사용하는 허브,
펜넬

○
○
○

펜넬(Fennel)이라는 이름은 우리나라에선 좀 생소하지만 '회향' 또는 '산미나리씨앗'으로 많이 알려져 있고 차로 즐겨 마신다. 땀을 내는 작용을 하는 성분이 있어 신체의 신진대사를 촉진시키고 살이 빠지기 쉬운 환경을 만들어주어 다이어트에 도움이 된다고 알려져 있다. 지중해 연안이 원산지이고, 유럽에서는 마트에서 흔하게 볼 수 있는 식재료이지만 우리나라에서는 대체로 보기가 좀 힘들다. 몇 해 전 이탈리아에 갔을 때 현지 마트에서 펜넬을 처음 보았다. 요즘은 지구촌 시대라 수입농산물도 우리나라에서 쉽게 구할 수 있지만 펜넬은 본 적이 없어 그 맛이 더욱 궁금했다.

지중해요리 프로그램을 보면 생선요리에 꼭 펜넬이 들어간다. 펜넬의 잎은 생선 특유의 비릿한 냄새와 기름진 맛을 제거해주는 효과가 뛰어나 생선요리에 자주 사용하는 허브이다. 소화효소 분비를 왕성하게 하여 음식의 소화 흡수를 촉진시키고 위장을 건강하게 한다. 복통이나 소화불량, 변비를 완화하거나 복부에 차는 가스를 배출하는 효능이 있어 차로 즐겨 마신다.

4월 20일, 텃밭에 파종한 펜넬은 다른 채소들보다 발아가 늦은 편이었다. 5월 10일 발아되어 5월 23일경 10cm 정도 자랐다. 함께 파종한 딜(Dill)보다 성장 속도가 느렸지만, 6월 29일 첫 수확을 할 만큼 자라주었다.

발아가 좀 느리긴 해도 자리를 잡고 나면 튼튼하게 잘 자란다. 파종할 때는 흙을 살짝 눌러 씨앗 2개씩 넣어주었는데 모두 발아하였다. 자리를 잡고 나면 하나씩 남겨놓아야 좀 더 크게 키울 수 있다. 잎은 딜과 비슷하게 생겼지만 딜은

줄기부분이 가늘게 자라고, 펜넬은 자라면서 밑동부분이 굵어지는 차이가 있다. 잎, 줄기, 뿌리, 씨앗까지 모두 식용 가능하며 밑동부분은 생으로도 먹을 수 있다. 샐러리와 비슷하게 강한 향이 있지만 굽거나 데치면 향이 부드러워진다. 주로 샐러드에 이용하거나 파스타에 넣기도 하는데, 오븐구이에 활용하면 펜넬의 독특한 향을 잘 즐길 수 있다. 특히 생선을 구울 때 사용하면 잡내를 제거하는 효과가 있어 레몬과 함께 즐겨 사용한다.

개인적으로 펜넬차를 좋아하는 이유는 독특한 향도 좋지만 소화가 안 되거나 뱃속에 가스가 차 부글거리는 느낌이 들 때 마시면 편안해지기 때문이다. 과거 로마시대에는 펜넬을 끓인 물로 갓난아이의 눈을 씻어주는 관습이 있었다고 하는데 시력향상에 도움이 된다고 믿었기 때문일 것이다.

눈을 집중시키는 일에 종사하거나 잦은 컴퓨터 사용으로 눈이 피로한 분들은 펜넬차를 끓인 물에 거즈를 적셔두었다가 따뜻하게 온찜질을 하는 것도 도움이 된다고 한다. 허브는 특유한 약효들이 있어 잘 알고 사용하면 질병을 미리 예방하는 차원에서도 도움을 받을 수 있을 것 같다.

독특한 향미로 입맛을 돋우다,
루콜라

○
○
○

이탈리아 요리에 많이 쓰이는 루콜라는 프랑스어로 로케트(Roquette) 또는 영어로 아루굴라(Arugula)라고 한다. 고소하면서도 머스터드처럼 톡 쏘는 매운 향이 나는 루콜라는 샐러드보다는 주로 빵이나 피자 위에 얹어 먹거나 고기요리와도 잘 어울린다. 텃밭에 루콜라잎이 풍성해질 때면 루콜라 페스토를 만들어 둔다. 올리브오일과 잣을 넣어 만드는 루콜라 페스토는 쌉싸름한 향이 독특해서 빵에 찍어 먹거나 스파게티나 파스타 소스로도 잘 어울린다.

추위에 잘 견디는 루콜라는 한여름을 제외한 봄, 가을에 파종할 수 있다. 파종할 때는 줄뿌림하거나 흩어뿌림하는 것이 좋은데 겹치지 않도록 균일하게 뿌려준다. 씨앗을 뿌린 다음에는 손으로 흙을 가볍게 눌러주고 떡잎이 나올 때까지는 흙이 마르지 않도록 물을 자주 주는 것이 중요하다. 일주일 정도면 떡잎이 올라오게 되고 날씨가 따뜻하니 점점 잎이 진해지며 빠르게 성장했다. 씨앗이 밀집된 곳은 일부 솎아주기를 해주었고 웃거름도 한 번 넣어주었다. 이즈음 유채과 채소답게 벌레 먹은 자리가 많이 생겼는데 농약 대신 목초액을 물에 희석하여 뿌려주니 완전히 박멸할 수는 없었지만 벌레가 생기는 것을 줄일 수 있었다.

대략 한 달 정도 지나 루콜라를 수확할 수 있었다. 자라는 모습은 열무와 비슷하지만 겨자처럼 톡 쏘는 맛은 한번 빠지면 중독성이 강하다. 이 시기에는 아직 잎이 여려 매콤한 맛보다는 부드럽고 고소한 맛이 난다. 꽃대가 올라오면 잎이 질겨지기 때문에 부지런히 거두어 먹는 것이 좋다. 두 달이 되기 전에 꽃대를 올렸다.

주말농장에서 루콜라를 처음 키웠을 때 자라는 모습은 열무와 비슷하게 생겼는데 꽃이 예쁘게 피니 주위 분들이 신기하게 보았다. 상추만 한 이랑을 키우는 분은 조용히 다가와서는 "뭘 알아야 키워볼 텐데……" 하시며 생소한 채소를 한참을 쳐다보았다.

꽃이 피면 루콜라잎이 억세지기 때문에 잎을 좀 더 부드럽게 먹으려면 꽃대를 꺾어주라는 말도 있다. 그런데 루콜라꽃이 예뻐 그냥 두었더니 요즘 귀하디 귀하다는 벌들이 몰려들어왔다. 덕분에 오이, 참외, 애호박 등을 심어놓은 곳에도 수정이 잘되어 열매들이 풍성하게 열렸다. 인위적으로 꽃을 꺾지 않으니 자연이 주는 선물이 더욱 많은 것 같다.

마음을 진정시키는 서양 허브, 딜

○
○
○

딜(Dill)은 미나리과의 허브로 피클이나 생선요리에 많이 사용된다. 씨앗은 말려서 차로도 마시는데, 진정효과가 있어 어린아이가 지나치게 예민해졌을 때 달여 먹이면 좋다고 한다. 식욕을 증진시키는 작용이 있어 속이 더부룩하고 소화가 잘되지 않을 때에도 도움이 된다.

딜은 시중에서 구하기 쉽지 않은 허브이지만 직접 키워보니 그다지 어렵지 않게 키울 수 있었다. 날씨가 더워지니 빠르게 자라면서 꽃을 피웠는데 가볍게 묶어 베란다 창문에 걸어두니 바람이 불 때마다 은은한 허브향을 느낄 수 있어 좋았다. 한아름 피어난 꽃을 보니 언젠가는 마당 있는 집에 살며 딜꽃이 피고 지는 것을 볼 수 있으면 좋겠다, 하는 소망도 생겨났다.

딜은 파종 후 20일 만에 떡잎이 올라왔다. 다른 작물에 비해 떡잎이 좀 늦게 올라오는 편이지만 자리를 잡고 나니 빠르게 성장했다. 펜넬은 자라면서 밑동이 굵어지고 딜은 대나무처럼 얇고 가늘게 자라기 때문에 펜넬은 점뿌림을 하여 뿌리 간격을 두는 것이 좋고 딜은 흩어뿌림을 하여 중간중간 솎아주는 것이 좋다.

햇볕이 잘 들고 통풍이 잘되는 곳이라면 기르기가 어렵지 않은 허브이다. 파종 후 한 달 정도 되어 웃거름을 한 번 주었다. 줄기가 질긴 편이라 어린잎을 손으로 따거나 가위로 잘라 수확하는 것이 좋다. 파종 후 두 달 정도면 꽃이 피는데 꽃이 지면 씨앗을 받아 다음해에 뿌려도 된다.

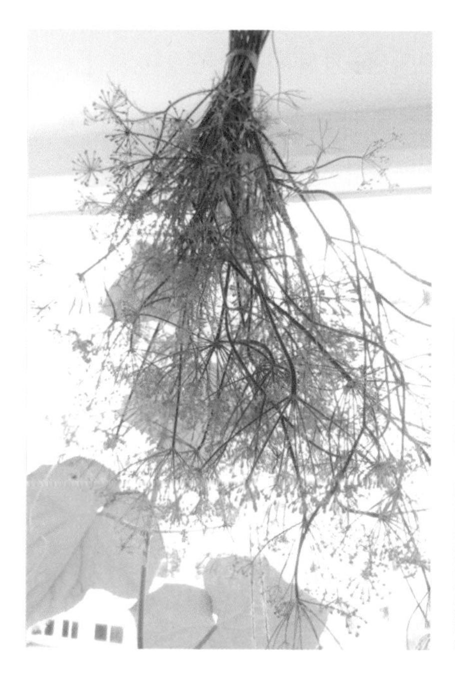

꼬투리에 쪼르륵……
귀여운 생김새에 먼저 반하다, 완두콩

○
○
○

완두콩은 서늘한 기후에 잘 어울리는 콩과 식물이다. 고향인 제주에서는 가을에 파종하여 이른 봄에 수확하고 중부지방에서는 3~4월 파종하여 장마가 오기 전인 6월에 수확한다. 꼬투리에 쪼르륵 들어가 있는 완두콩이 너무 예뻐 해마다 빠지지 않고 심게 된다.

완두콩은 주로 밥에 넣어 먹지만 성숙하지 않은 완두콩은 꼬투리째 샐러드로 먹기도 한다. 차조와 함께 완두콩 수프를 끓여도 고소하니 맛이 있고 살캉하게 삶아 샐러드로 먹거나 피클을 만들어 두고두고 찾아 먹는다. 식이섬유가 풍부한 완두콩은 변비를 예방하거나 다이어트에 도움을 준다. 비타민 B1이 풍부하여 두뇌활동에 도움이 되며, 위장의 기능을 향상시키는 효능이 있다.

완두콩 씨앗은 파종 전에 한나절 정도 물에 담갔다가 심으면 발아가 잘된다. 씨앗을 넣을 때는 3~5cm 깊이로 공간을 만들어 보통 한 구멍에 2~3개의 씨앗을 넣은 후 흙을 덮고 싹이 나올 때까지는 물을 자주 준다. 키가 15~20cm가 되면 한 군데 1~2포기만 남기고 솎아준다. 밭 가장자리에 돌려가며 심기에 공간 활용 면에서도 좋다. 완두콩은 잎의 끝에 덩굴손이 자라 주변의 사물을 감고 올라가며 자라기 때문에 20cm 정도 자라면 지지대를 세워 유인해줘야 한다. 보통 잔가지를 세워 만들어주기도 하는데 텃밭에는 완두콩을 밭 가장자리에 심어 중간중간 지지대를 세워 마끈으로 유인줄을 만들어주었다. 콩이 자라면서 흙에 닿으면 쉽게 썩을 수 있기 때문에 좀 귀찮긴 하지만 지지대는 만들어주는 게 좋다.

40일 정도 지나 예쁜 완두콩 꽃이 피었다. 꽃이 필 때는 영양이 필요하니 웃거름을 한 번 주는 것이 좋다. 개화까지는 다소 건조하게 관리하지만 꼬투리가 생기면 3~4일 간격으로 물을 충분히 준다. 50일 정도 되면 꼬투리가 달리기 시작한다. 완두콩 껍질에 그물 무늬가 생기면 수확을 하고, 장마가 오기 전에 수확을 마치는 것이 좋다.

'딸깍' 하고 벌어지며 그 속에 진주처럼 박혀 있는 완두콩……. 먹는 즐거움을 누리기 전에 눈이 먼저 호강한다.

6월의 요리

당근잎 샐러드

재료

당근잎과 베이비당근 2줌, 양파 1/2개, 진간장 2큰술, 현미식초 2큰술,
원당 1큰술, 레몬즙 1큰술, 올리브오일 2큰술

1 당근잎과 베이비당근은 흐르는 물에 깨끗이 씻는다.
2 양파 1/2개는 굵게 채 썰고, 나머지 반은 굵게 다진 후 양파의 매운맛을 빼기 위해 찬물에 헹군다.
3 소스볼에 다진 양파와 진간장, 현미식초, 원당, 레몬즙, 올리브오일을 넣어 소스를 만든다.
4 당근잎과 베이비당근, 채 썬 양파, 소스를 볼에 넣고 버무린다.

솎아내기한 당근과 당근잎을 활용한 샐러드입니다. 텃밭을 다니지 않으면 보기 힘든 당근잎은 당근이 10cm 정도 자랐을 때까지가 잎이 연하고 부드러워 요리에 활용하기 좋습니다. 요 시기에 나오는 햇양파와 레몬을 활용한 간장소스를 이용하니 그동안 아깝게 비려졌던 당근잎이 생각날 만큼 맛있는 샐러드가 되었습니다.

펜넬 오븐구이

재료

방울토마토 20개, 마늘 8쪽, 애호박 1/2개, 페페론치노 5개, 레몬 1개,
올리브오일 2큰술, 타임 약간, 소금, 후추

1 애호박은 먹기 좋게 자르고, 펜넬 밑동부분은 한 겹씩 벗겨낸다.
2 볼에 애호박, 펜넬, 마늘, 페페론치노, 토마토, 레몬을 넣고 올리브오일, 소금, 후추, 타임을 더해 잘 섞는다.
3 오븐은 190℃로 예열한다.
4 오븐팬에 종이호일을 깔고 15~20분 굽는다.

펜넬의 독특한 향을 즐길 수 있는 펜넬 오븐구이입니다. 펜넬은 생으로 먹었을 땐 향이 다소 강하게 느껴질 수 있지만 굽거나 데치면 향이 부드러워집니다.
오븐에 따라 구워지는 정도가 다르기 때문에 채소가 타지 않는지 중간중간 체크하는 것이 좋습니다.

루콜라 국수

재료

| 2인분 |

통밀국수 200g, 당근 1/3개, 표고버섯 3장,

현미유 1큰술, 루콜라 1줌, 다시마 1장,

둥굴레 3개, 국간장 2큰술,

유자고추(유즈코쇼)

1 국수는 끓는 물에 삶아 건진 후 동그랗게 말아 그릇에 담는다.
2 다시마와 둥굴레, 표고버섯을 끓여 밑국물을 낸다.
3 밑국물 낸 표고버섯과 당근은 채 썰어 현미유를 넣고 볶아준다.
4 밑국물에 국간장을 넣어 간을 맞춘 후 루콜라를 살짝 데친다.
5 국수그릇에 삶은 국수, 볶은 표고버섯과 당근을 올리고 밑국물을 붓는다.
6 유자고추(유즈코쇼)를 기호에 맞게 넣어 먹는다. (유즈코쇼 만드는 법 : 292쪽 참고)

루콜라의 톡 쏘면서도 쌉싸름한 향을 잘 즐길 수 있는 국수입니다. 국물멸치가 들어가지 않았지만 둥굴레가 구수한 맛을 내고 유자고추의 상큼한 향이 루콜라와 잘 어울립니다.

딜 피자

재료

토르티야 1장, 감자 1개, 완두콩 1/2컵,
토마토 페이스트 2큰술, 피자치즈 3큰술,
토핑용 딜, 소금, 후추 약간

1 감자는 굵게 채 썰어 살짝 데친 후 소금과 후추로 간을 한다.
2 완두콩은 7~8분 정도 삶는다.
3 토르티야에 토마토 페이스트를 넓게 펴 바른다. (토마토 페이스트 만드는 법 : 290쪽 참고)
4 데친 감자와 피자치즈, 완두콩을 순서대로 올린다.
5 230℃로 예열된 오븐에 10~15분 정도 굽는다.
6 딜을 토핑한다.

피자를 좋아하는 딸아이를 위해 만든 수제피자입니다. 토르티야를 이용하면 손이 많이 가는 피자반죽 없이 가정에서 간단하게 피자를 만들 수 있습니다. 기름기 있는 베이컨보다는 감자와 완두콩 같은 채소를 이용하면 더욱 담백하게 즐길 수 있습니다. 여기에 딜을 토핑하면 어디에서도 맛볼 수 없는 홈메이드 피자가 됩니다.

완두콩 피클 샐러드

재료

완두콩 피클(완두콩 1 1/2컵, 물 1컵, 식초 1컵, 설탕 1컵, 라임 2쪽,
후추 20알, 소금 1/2큰술),
토마토 1개, 새싹채소 1줌, 올리브오일 2큰술

1 완두콩은 끓는 물에 30초 정도 살짝 데친 후 소독된 병에 담는다.
2 물 1컵, 설탕 1컵, 식초 1컵, 라임 2쪽, 후추 20알, 소금 1/2큰술을 넣어 부르르~ 한 번 끓여 피클소스를 만든다.
3 피클소스는 한 김 식혀 병에 부어준 후 병을 뒤집어 식혀준다.
4 완전히 식으면 냉장보관하고 2~3일 후부터 먹을 수 있다.
5 접시에 토마토와 새싹채소를 담고 올리브오일과 완두콩 피클을 올린다.

삶은 완두콩과는 다르게 새콤달콤한 맛이 특징인 완두콩 피클입니다. 텃밭에서 키운 완두콩을 오랫동안 먹을 수 있는 비법입니다.

7월

July

열매채소로 풍성해진 여름밥상

7월 guide

소서(小暑)는 7월 7일 즈음으로 작은 더위라는 뜻이다. 장마와 함께 무더위가 찾아오며 본격적인 여름날씨를 보인다. 장마에 잎채소는 대부분 녹아내리니 열매 채소들이 전성기를 누릴 준비를 한다. 낮 더위가 기승을 부리니 새벽시간이나 늦은 오후에 텃밭에 나간다.

더위에 벌레 떼까지 덤벼들면 '내가 왜 사서 이 고생을 하나?' 싶다가도 태양의 기운을 가득 머금은 토마토를 한 입 베어 물 때면 '내가 이 맛에 고생을 사서 하지'라며 저절로 미소가 지어진다. 벌레들은 물로 500배 희석한 목초액을 담아 밭에 뿌려 물리치고 부족한 영양분은 화학비료 대신 오줌액비와 EM발효액으로 보충해준다.

오이, 애호박, 여주, 오크라, 가지, 토마토, 고추 등이 한창이니 밥상은 항상 풍성하고 펜넬과 딜은 벌써 노랗게 꽃을 피워 베란다 창가에 걸어두었다. 오이처럼 상큼한 향을 내는 '보리지'는 별을 닮은 보라색 꽃을 내어주니 요리에 넣어 멋을 부려본다.

대서(大暑)는 7월 23일 즈음으로 장마가 끝나고 더위가 가장 심한 중복 무렵이다. 한낮 최고기온이 40℃ 가까이 올랐던 지난해 날씨를 보면 지구가 정말 몸살을 앓고 있다는 신호인 것 같아 걱정스러워진다. 하지를 지나 입추로 가고 있지만 그동안 뜨겁게 달궈진 지구는 밤이 되어도 열이 식지 않는다. 초복, 중복이 들어 있으니 핑계 삼아서라도 무더위에 지친 몸을 살펴야 할 시기이다.

이즈음은 텃밭에 참외도 노랗게 익어가고 수박과 옥수수도 가장 맛있을 때이다. 오이는 '내일 와서 따 주어야지' 하다 보면 어느새 늙은 오이로 변해 있다. 여주는 며칠 못 본 사이에 새빨간 속내를 내보이며 익어가고, 여기저기 호박잎을 들추며 애호박 찾아 먹는 재미도 쏠쏠하다. 장마 지나 심은 여름 상추는 금세 자라 이제 제법 따먹게 된다. 강한 햇빛에 말려둔 토마토는 올리브오일에 담아두고 허브들도 자라는 대로 거두어 허브오일을 만들거나 허브차로 만들 준비를 한다.

7월

· 야생초 먹거리 ·

비름, 명아주

· 텃밭 먹거리 ·

오이, 토마토, 가지, 여주, 오크라, 애호박, 브로콜리, 옥수수, 감자, 강낭콩, 완두콩, 고추, 케일, 아욱, 근대, 애플민트 외 허브

· 씨앗 파종 : 쪽파, 당근, 상추 외 쌈채소

풀로 하는 자연식 멀칭

○
○
○

멀칭(mulching)이란 농작물을 재배할 때 토양의 표면을 덮어주는 일 또는 덮어주는 자재를 말한다. 주로 잡초의 번식을 막기 위해 사용하게 되는데 수분이 급격하게 증발되는 것을 막고 흙의 온도가 갑자기 떨어지거나 오르지 않도록 하는 효과도 있다. 가장 많이 쓰는 재료가 비닐이다. 멀칭의 효과가 탁월하고 구하기 쉽다는 이유 때문이다. 문제는 비닐 사용이 편리하긴 한데 자연분해되지 않아 환경오염을 만들 수 있다는 점이다. 한 번 쓰고 버려지는 플라스틱이나 비닐 사용이 많은 요즘, 텃밭에서만이라도 환경오염을 줄이는 방법을 찾던 중에 작년에는 풀멀칭을 일부 시도해보았다.

풀멀칭을 한 곳은 풀이 썩으면서 자연스럽게 거름 역할을 해줄 뿐만 아니라 더운 여름에도 흙이 쉽게 마르지 않았다. 비닐멀칭을 하면 오염된 빗방울이 비닐에 튀어 세균을 옮길 수 있지만, 풀을 사용하면 빗방울이 그대로 땅으로 흡수되어 세균의 번식을 막을 수 있는 장점도 있다. 그래서일까? 농약 없이 키우기 힘들다는 고추는 풀멀칭을 한 지난 해 여느 때보다도 병해충 없이 튼튼하게 자라주었다.

풀멀칭에는 여러 장점이 많지만, 문제는 6~7월 정도가 되어야 멀칭을 할 정도로 풀이 자라기 때문에 이른 봄에 활용하기 힘들다는 점이다. 그래서 작년에는 5월 초 모종을 심은 곳만 일부 비닐멀칭을 해두었다가 풀이 어느 정도 자라는 6~7월에 비닐을 걷어내고 풀을 베어 덮어주는 방법을 시도해보았다. 검은 비닐로 덮어버린 흙을 볼 때마다 바람도, 햇빛도 잘 들어오지 않을 것 같아 뭔가

답답해 보였는데 비닐을 걷어내니 두꺼운 화장을 지워낸 듯 어찌나 개운하던 지…….

얼마 전에는 인터넷으로도 지푸라기를 구입할 수 있다는 것을 알게 되었다. 올해 봄부터는 지푸라기를 이용해볼 생각이다. 친환경 텃밭농사의 또 다른 방법은 지지대를 묶어주는 재료로 마끈을 이용하는 것이다. 이른 봄 밭을 일구다 보면 흙 여기저기에서 사용했던 비닐끈이 썩지 않아 남아 있는 것을 볼 수 있다. 천연소재인 마끈은 몇 해 전부터 사용하고 있는데 비닐끈처럼 미끄러워 흘러내리지 않아 좋고 사용 후 잘 거두어두면 다음해에도 사용할 수 있어 비닐을 사용하는 것보다 훨씬 마음이 편했다. 한 사람이 환경을 지킬 수는 없겠지만 한 사람부터라도 조금씩 실천한다면 우리 아이들에게 조금은 더 나은 환경을 물려줄 수 있지 않을까 생각해본다.

나의 힐링 테라피,
토마토 키우기

○
○
○

토마토는 해마다 베란다 텃밭과 주말농장에 빠뜨리지 않고 키운다. 노란색 꽃송이 밑으로 방울방울 달리는 방울토마토의 모습이 사랑스럽기도 하지만 손을 내밀어 토마토 잎부분을 한번 쓰윽 훑어주면 손끝에서 전해지는 향기에 기분이 좋아지기 때문이다. 허브도 아닌 것이 허브 못지 않은 강한 향을 가지고 있어 신기하기만 하다.

언젠가 숲 명상 프로그램에 참가한 적이 있었다. 숲 테라피스트 안내에 따라 몸을 이완한 후 눈을 감고 커다란 나무에 청진기를 살며시 대어보았다. 한참 후 내 호흡이 정리되니 바람 소리인 듯 물소리인 듯 미세한 진동이 울려왔다. 나무에서 나는 소리를 느껴본 적이 처음이라 내 심장도 미세하게 떨려왔다. 그 후로는 숲을 거닐다 왠지 끌리는 나무를 만나면 등을 대보거나 손바닥을 대어본다. 내 안의 감정들도 미세한 진동을 통해 그 나무에게로 전해지겠지. 어쩌면 '관계'라는 건 말보다 서로의 미세한 진동을 느끼는 것이 아닐까 생각해본다. 왠지 기분이 우울한 날이면 베란다에 나가 토마토 줄기를 흔들어댄다. 거기서 퍼져 나오는 상쾌한 향으로 사람에게서 받는 상처와 스트레스가 조금씩 치유되길 바라는 마음으로…….

7월이 되면 한낮에는 더위가 기승을 부려 낮시간을 피해 새벽이나 늦은 오후에 텃밭으로 향한다. 풀도 보이는 대로 뽑아주고 목마르지 않도록 물도 듬뿍 주고 나면 가장 크고 잘 익은 토마토를 하나 떼어 베어 물어본다. 붉은 태양의 기운을 머금고 자라서일까? 일찍 따서 후숙시키는 마트용 토마토에서는 맛볼

수 없는 농익은 맛이 텃밭토마토에서는 느껴진다. '이 맛에 텃밭을 하지'라는 말이 절로 나온다.

5월 입하가 지나고 심은 토마토는 모종이 어느 정도 자리를 잡고 나면 지지대를 대어준다. 뿌리부분이 상하지 않도록 한 뼘 정도 거리를 둔 후 꽂아두는 것이 좋다. 지지대를 꽂고 나면 작물이 지지대에 의지하여 자랄 수 있도록 유인해주어야 하는데 작물이 굵어지는 것을 감안하여 약간 헐렁하다 싶게 묶어준다. 토마토는 수확의 기쁨도 큰 만큼 손도 많이 간다. 원줄기가 성장하며 옆으로 퍼져 나오는 곁순들은 잘 정리해주어야 하기 때문이다. 곁순이 너무 자라면 원줄기의 성장이 더디게 되고 너무 많은 열매가 열리게 되면 크기가 작고 맛이 덜하게 된다. 곁순을 잘 정리해주면 보기에도 좋을 뿐만 아니라 통풍이 잘되어 열매가 튼실하게 잘 자란다. 간혹 정리할 시기가 지나 너무 많이 자란 곁순이 있다면 땅에 물을 충분히 주고 심어 키울 수도 있다. 곁순에는 생장점이 있기 때문에 물을 충분히 주어 관리한다면 늦가을까지 토마토를 먹을 수 있다.

"토마토가 빨갛게 익으면 의사 얼굴이 파랗게 된다"라는 유럽 속담이 있다. 토마토는 의사가 필요치 않을 정도로 건강에 좋은 식품이라는 뜻이다. 영양학적으로 봤을 때 토마토는 영양가가 높은 식품이지만 '마크로비오틱'에서는 토마토 같은 가지과 작물을 야행성 작물로 분류한다. 가지과 작물로는 가지, 감자, 토마토, 고추, 피망, 파프리카 등이 있다. 이들 야행성 작물은 주로 밤에 성장하기 때문에 음성의 에너지가 강하다. 음성의 에너지는 몸을 차갑게 하기 때문에 제철에 적당히 섭취해야 하고 가능하면 익혀서 조리한다. 특히, 환자식에서는 주의하여 사용해야 한다.

내가 어릴 적만 해도 토마토는 과일처럼 먹었지만 요즘은 채소로 분류하다 보니 먹을 수 있는 방법도 많아졌다. 수분이 많고 새콤달콤한 맛이 강해 샐러드로도 활용도가 높지만 비빔밥이나 볶음밥에도 전혀 어색하지가 않다. 계란과 함께 스크램블을 하면 아이들이 좋아하는 간식이 되며, 한여름에는 토마토를 살짝 데친 후 껍질을 벗겨 갈아주면 시원하게 더위를 날려줄 주스가 된다. 간혹 토마토가 풍년이면 곱게 다진 후 졸여서 '토마토 페이스트'를 만든다. 오랫동안 보관할 수 있고 스파게티나 피자와 같이 아이들이 좋아하는 요리에 자주 사용할 수 있으니 한번 만들어두면 집에서 하기 힘든 양식 요리도 홈메이드로 즐길 수 있다.

토마토를 환자식으로 이용하고 싶다면 메밀이나, 차조, 율무 같은 곡물과 함께 오랫동안 푹 끓여 수프로 만들어도 좋다. 토마토의 차가운 성질이 곡물의 따뜻한 성질과 만나 영양가 높은 편안한 음식이 된다. 여름 끝물 버려지는 풋토마토는 간장물을 끓여 부어 아삭아삭한 '풋토마토 장아찌'로 만들 수 있다. 사찰식으로 전해지는 이 요리는 매실장아찌와 비슷한 꼬들꼬들한 식감이 좋아 자꾸 손이 간다.

한여름에 수확한 토마토를 오랫동안 즐기고 싶다면 햇빛 좋은 날 잘 말려두었다가 향이 좋은 올리브오일과 함께 병조림을 해두면 좋다. 토마토를 말리면 우리 몸에 부족해지기 쉬운 비타민 D를 보충할 수 있고 오일에 병조림을 해두면 토마토에 풍부한 항산화물질이자 항암작용을 하는 라이코펜(lycopene) 성분도 흡수가 잘되기 때문에 건강하게 먹을 수 있다. 이런 토마토를 어찌 사랑하지 않을 수 있을까.

작년 고추농사가 풍년인 이유

○
○
○

고추는 다른 작물에 비해 진딧물도 많이 생기고 역병이나 탄저병 같은 전염성 질환에도 취약해서 키우기 쉽지 않은 작물이다.

6년 텃밭농사 중 지난해는 다행히도 이런 전염성 질환 없이 가장 많은 고추를 수확할 수 있었다. 곰곰이 그 이유를 생각해보니 6월 초 콩과 식물인 그린빈의 씨앗을 고추 사이에 심어 이른바 '섞어짓기'를 하였고, 다른 하나는 비닐멀칭을 거둬내고 풀을 베어 멀칭을 하는 '풀멀칭'을 했기 때문이라는 생각이 든다. 풀이 썩으면서 자연스럽게 거름 역할도 했을 테니 잘 발효시킨 오줌액비를 준 것 말고는 따로 화학비료를 주지 않았는데도 너무나 잘 자라주었다. 흙이 촉촉하게 살아 숨쉬니 그 안에 땅강아지나 지렁이 같은 생명들도 볼 수 있었다.

고추는 씨앗을 뿌려 모종까지 키우는 데 시간이 많이 걸리기 때문에 주말농장에서는 늦서리가 끝나는 5월 초 즈음 모종으로 심는 방법을 추천한다. 품종도 다양해서 일반고추, 청양고추, 아삭이고추, 오이고추, 당뇨고추 등 원하는 것을 골라 심을 수 있다.

고추 모종을 심을 때는 나중에 다 자랐을 때를 생각해서 포기 간격을 40cm 정도 띄우고 심어야 하며 뜨거운 한낮을 피해 물을 충분히 준 후 심는다. 베란다에도 한두 화분을 심어놓으면 봉지째 사다놨다가 냉장고에서 썩어 버려지는 일 없이 늦가을까지 먹을 수 있다.

고추줄기가 Y자형으로 갈라지는 부분을 '방아다리'라고 한다. 방아다리에 첫 꽃이 피거나 열매가 맺히면 바로 따주고, 방아다리 아랫부분에 나오는 곁순

도 눈에 띌 때마다 따주었더니 어느 해보다도 튼튼하게 자랐고 수확량도 가장 많았다.

여름 장마에 태풍이라도 불면 애써 키운 고추가 넘어질 수 있기 때문에 지지대를 해주는 것이 좋은데 토마토와는 다르게 고추는 지지대가 많이 필요치 않다. 고추 모종 3개에 지지대 1개씩 박아 묶어준 후 마지막 지주에서 다시 돌아와 처음 박아둔 곳에서 마무리하면 된다. 몇 해 전부터 비닐끈보다는 천연소재인 마끈을 이용하고 있다.

5월 초 모종으로 심은 고추는 6월 중순부터 열매가 달리기 시작해서 서리 오기 전인 10월 말까지 먹을 수 있다. 농약을 사용하지 않고 기르기에 고춧잎도 중간중간 따다 무쳐 먹고 남은 잎은 데쳐서 말려두면 겨우내 먹을 수 있다. 고추는 익히지 않고 생으로도 먹을 수 있으니 더운 여름, 불 앞에 서 있기도 싫을 때는 고추만큼 만만한 반찬이 또 있을까? 먹기 좋게 한입 크기로 썰어 된장과 들기름에 무쳐도 맛있고, 맨밥에 물 말아 먹을 때도 고추와 된장만 있으면 없던 입맛도 살아나니 다른 반찬이 필요가 없다. 꽈리고추는 밀가루를 묻혀 살짝 찐 다음 집간장, 고춧가루, 들기름, 통깨를 넣어 조물조물 무쳐 먹는다.

10월 말 즈음이 되면 '서리걷이 고추'라는 말을 쓴다. 서리가 내리면 고추는 잎과 열매가 얼었다 녹으며 물러지게 된다. 그래서 서리가 내리기 전에 고춧잎과 고추를 따야 한다는 말이다. 서리걷이한 고추 중 큰 것은 부각이나 장아찌를 만들고 작은 것은 고추지를 만든다. 물과 소금의 비율을 9 대 1로 끓여 부어주면 겨울 동치미 만들 때 빠질 수 없는 삭힌고추(고추지)가 된다.

'서리걷이 고추'를 일컬어 '서리 전에 고추 설거지한다'라고도 한다. 밥을 먹고 난 후 다음 식사를 위해 설거지를 하듯이 한 해 잘 거둬 먹고 나면 이제 마지막으로 깨끗이 정리해 자연으로 다시 돌려보낸다는 뜻도 있는 듯하다.

이즈음 청유자가 나오면 매운 고추를 골라 유자고추(유즈코쇼)를 만들어둔다. 청유자 껍질과 매운 청양고추를 갈아 만든 유자고추는 상큼한 유자향이 강해 국수나 전골요리 등에 사용하면 요리에 풍미를 한층 살려준다.

작년에는 고추농사가 풍년이라 빨갛게 익은 고추를 갈아 가루로 만들어두었다. 김장을 할 정도는 아니지만 요리할 때 조금씩 넣는 양으로는 일년은 먹을 수 있을 정도는 되었다. 껍질이 얇고 가장 맛있을 때 따다가 잘 씻어 냉동실에 넣어두면 일년 내내 국이나 찌개, 조림, 볶음 요리에 사용할 수 있다. 텃밭을 가꾸고부터는 마트에서 고추를 사본 적이 거의 없는 듯하다. 베란다에 한두 화분만 심어도 늦가을까지 따 먹을 수 있으니 분명 남는 장사다.

고추 장아찌

고추부각 조림

한여름 만만한 반찬,
오이와 고추

○
○
○

익혀서 먹는 가지나 애호박과는 달리 된장 하나만 있어도 반찬이라며 내놓을 수 있는 것이 오이와 고추다. 텃밭에서 일을 하다 바로 따 먹는 오이는 시원하면서도 끝맛이 달큰한 것이 마트에서 구입한 오이와는 맛이 분명 다르다. 오이는 95%가 수분이며 칼륨 성분이 많아 갈증을 해소하고 나트륨을 체외로 배출하는 작용을 한다.

몇 해 전까지 오이 키우기를 여러 차례 시도했으나 이렇다 할 성공을 못 한 데는 나름의 이유가 있었음을 뒤늦게 알게 되었다. 오이는 주변의 물체를 감으면서 자라는 특성이 있어 모종을 심기 전에 지지대를 만들어 유인해주어야 한다. 모종이 자리를 잡고 나면 꽃이 피기 시작하고 노란 꽃송이 밑으로 미니어처마냥 작은 오이가 달리는데, 그 모습이 하도 귀여워 한참을 바라보며 따주지 못했던 것이 원인이었던 것 같다.

이런저런 원인을 분석해 또다시 오이 키우기를 시도했다. 오이 같은 열매채소에 꼭 필요한 지지대도 직접 대나무를 이용해 만들어주었다. 크고 튼튼한 지지대를 따라 오이 말고도 여주, 애호박, 참외가 자랐다.

오이가 자라면서 처음 나온 줄기를 '원줄기'라 한다. 원줄기와 잎 사이에 나오는 가지를 '곁가지'라고 하는데, 원줄기 3~5마디 아래에서 나온 곁순과 암꽃은 모두 따주어야 한다. 곁순을 아깝다 생각하지 말고 빨리 따주어야 원가지의 덩굴이 잘 뻗어 나갈 수 있다. 물을 줄 때는 겉흙이 말랐다 싶을 때 하루 한 번씩 적당히 주어야 한다. 오이가 물을 좋아하긴 하지만 너무 자주 주어서 습기가 많

은 것도 주의해야 하기 때문이다. 통풍이 잘되는 곳이라면 베란다에서도 잘 자란다. 베란다에 키울 때는 지렁이 분변토로 웃거름을 충분히 주어 키운다. 너무 오래 두면 씨가 생겨 맛이 덜하기 때문에 너무 크게 키우지 말고 적당히 자라면 수확하는 것이 좋다. 수확할 때는 깨끗한 가위로 꼭지부분을 잘라낸다. 재래종은 껍질이 갈라지면서 갈색으로 변하는데 '늙은 오이' 또는 '노각'이라 부른다.

오이가 제철일 때는 오이지가 밥상에서 빠지지 않는다. 물과 천일염 비율이 9 대 1인 소금물을 만들어 팔팔 끓인 후 손질한 오이에 부어주면 끝나기 때문에 손쉽게 만드는 여름용 저장반찬이 된다. 쉽게 물러지는 오이와는 다르게 냉장고에 두고 생각날 때마다 꺼내 먹을 수 있으니 반찬 없을 때 오이지무침이나 오이지냉국, 오이지 주먹밥 등 뭐든 만들 수 있다.

오이지가 떨어져갈 즈음이 되면 '오이 누카즈케'를 만들어둔다. 누카즈케는 쌀겨와 된장을 이용해 발효시킨 일본식 절임음식을 말한다. 쌀겨와 된장, 소금을 이용하여 찬 성질의 오이를 양성화시킨 음식이기에 밥상에 조금씩 올리면 입맛 돋우기에 좋다.

여름 가지를
맛있게 먹는 방법

가지는 밭에 올 때마다 3~4개씩은 기본으로 받아간다. 올해 초등학교 4학년인 딸은 벌써 가지맛을 알아버렸다. 나는 결혼하고 나서야 알게 된 맛을 말이다.

가지나 토마토, 고추 같은 열매채소는 씨앗을 뿌리기보다는 5월 초 정도에 모종을 사다 심는다. 가지는 모종으로 3~4개만 심어도 우리 집 여름 반찬으로 충분하고도 넘치게 먹을 수 있다. 가지를 키울 때는 줄기 아래쪽에 나오는 새순을 제거하고 잎이 무성해지지 않도록 따주는 것이 중요하다. 바람이 잘 통하지 않으면 수분이 많은 가지는 병충해에 쉽게 감염될 수 있기 때문이다. 가지가 달리기 시작하면 껍질이 질겨지기 전에 부지런히 따다 먹는다. 가지 묵나물을 만들더라도 부드러울 때 따다가 말려두어야 질기지 않고 맛있다. 생가지에는 '솔라닌(solanine)'이라는 알카로이드(alkaloid) 성분이 들어 있다. 솔라닌은 많은 양을 생으로 먹을 경우 독이 될 수 있기 때문에 주의해야 한다. 가지는 폴리페놀(polyphenol) 성분이 있어 콜레스테롤을 낮추는 효과가 있고 심장병과 뇌졸중 예방에도 도움이 된다고 한다.

여름 가지를 가장 맛있게 먹는 방법은 밥을 안쳐 뜸을 들일 때 3등분한 가지를 넣어 쪄내고 뜨거울 때 쭉쭉 찢어 물기를 한 번 짜낸 후 국간장, 들기름, 깨소금에 조물조물 버물려 먹는 방법이다. 더운 여름 뜨거운 가지를 찢어대느라 땀을 내기는 하지만 짭조름하면서도 부드럽게 익은 가지를 먹다 보면 '가지가 이렇게 달았나?'라는 생각이 들곤 한다.

아이들은 기름기 없는 팬에 동그랗게 썰어놓은 가지를 구워 모차렐라치즈를

얹어주면 가지를 잘 먹지 않는 아이들도 쫀득한 치즈와 어우러진 부드러운 가지의 맛을 알아가게 된다. 여기에 바질잎이나 바질가루를 토핑해주면 훨씬 산뜻한 맛이 된다. 가지가 한창일 때는 가지밥을 해도 맛있다. 반으로 갈라 듬성듬성 썰어준 후, 씻어 불린 쌀 위에 올려 밥을 지으면 구수한 냄새를 풍기는 가지밥이 되는데 뜸 들이는 동안 진간장에 물을 조금 넣고 풋고추, 통깨, 들기름을 넣어 양념장을 만들어 비벼 먹으면 다른 밑반찬이 필요 없다.

여름에 가지가 한창 나올 때면 간장물을 부어 장아찌를 만들어두어도 좋다. 뜨거운 간장물을 한 김 식혀서 부어주면 쫄깃쫄깃한 가지를 오랫동안 맛볼 수 있다. 여름에 말려둔 가지는 가을과 겨울에 유용한 식재료가 된다. 여름채소를 말리면 꼬들꼬들해지면서 영양도 많아지니 푸성귀가 귀한 겨울철 밑반찬으로도 그만이다.

늦은 가을에 열리는 가지는 껍질이 질기다. 이때의 가지는 '바바 가누쉬'를 만들어두면 좋다. 바바 가누쉬는 중동의 대표 음식으로 일종의 딥(dip, 찍어 먹는 소스)에 속한다. 가지는 포크를 이용해서 여러 군데 구멍을 낸 후 가스레인지에서 겉표면이 까맣게 되도록 구워준다. 한 김 식혀서 속을 긁어낸 후 참깨, 마늘, 소금, 레몬즙, 올리브오일을 넣어 갈아준다. 취향에 따라 약간의 견과류와 함께 빵에 올려 먹거나 샐러드에 이용한다. 가지의 찬 성질을 중화시켜 먹을 수 있는 방법으로 스모키한 향이 배어 있어 특별한 날 활용해보면 좋은 요리법이다.

7월의 요리

애플민트 모히토

재료

애플민트 1줄기, 라임 1/2개, 꿀 1큰술, 탄산수(또는 생수) 300ml,

얼음 5개 정도, 장식용 라임 1/2개, 민트 약간

1 애플민트는 살짝 으깨고 라임은 반으로 잘라 라임즙을 낸다.

2 으깬 애플민트를 컵에 담고 꿀 1큰술과 미지근한 물을 약간 넣어 우린다.

3 애플민트가 우러나면 얼음과 라임즙을 넣고 탄산수나 생수를 부어 마신다.

7월의 무더위를 식혀줄 애플민트 모히토입니다. 겨울철 마시는 허브차는 허브의 깊은 맛을 느낄 수 있는 반면 여름에 마시는 애플민트 모히토는 짜릿한 청량감을 느낄 수 있습니다.

토마토 메밀 수프

재료

토마토 5개, 메밀 1컵, 양파 2개, 채수(당근 200g, 양파 200g, 샐러리 50g)

1 찬물 2리터에 당근, 양파, 샐러리를 잘게 썰어넣고 1시간 정도 푹 끓인다.

2 냄비에 얇게 썬 양파를 깔고 4등분한 토마토와 메밀을 넣고 약불에 40분 정도 끓인다.

3 메밀이 익으면 채수와 함께 블렌더에 넣고 갈아준 후 그릇에 담아낸다.

메밀은 비장과 위장의 습기와 열기를 없애주며 소화가 잘되게 하는 효능이 있어 체기가 있을 때 먹으면 좋은 식재료입니다. 서늘한 성질이 있기 때문에 토마토와 함께 오랫동안 가열해주면 열기와 습기가 빠져나가면서 몸이 가벼워지고 기운을 낼 수 있습니다.

방울토마토 피클

재료

방울토마토 30개, 물 1000ml, 원당 2/3컵,
현미식초 1/2컵, 정향(clove) 2개,
통후추 10개, 라임 1/2개, 소금 1큰술, 유리병

1 토마토는 꼭지부분에 칼집을 살짝 내고 끓는 물에 30초 정도 데친다.
2 데친 토마토는 찬물에 담근 후 껍질을 제거한다.
3 냄비에 물, 원당, 현미식초, 정향, 통후추, 소금을 넣고 피클소스를 끓인다.
4 잘 소독된 유리병에 껍질을 벗긴 토마토와 슬라이스 라임을 넣고 식힌 피클소스를 붓는다.
5 완전히 식힌 후 냉장보관한다.

대추방울토마토를 이용하면 껍질도 잘 벗겨지고 쉽게 물러지지 않습니다. 정향(clove)은 방부와 살균 효과가 뛰어나 피클을 오랫동안 보관할 수 있도록 도와주지만 특유의 향이 강하기 때문에 피클소스를 만들고 나서는 제거하는 것이 좋습니다. 피클이지만 얼음을 띄워내면 시원한 디저트로도 좋습니다.

고추(할라페뇨) 피클

재료

고추 20개, 물 2컵, 식초 1컵, 설탕 1/2컵,

소금 1작은술, 피클링스파이스 1작은술

1 피클을 담을 유리병은 찬물에서부터 시작하여 팔팔 끓인 후 병 입구가 아래쪽을 향하도록 놓은 후 자연건조한다.
2 고추는 깨끗이 씻어 물기를 제거하고 먹기 좋은 크기로 썰어준다.
3 물, 식초, 설탕, 소금, 피클링스파이스를 넣고 팔팔 끓인다.
4 병에 고추를 담고 피클물을 부어준다.
5 3일 후 피클물만 따라내어 끓인 후 완전히 식혀 부어준다.

고추 피클을 만들어두니 아삭하면서도 매콤한 맛에 자꾸만 손이 가는 여름 반찬이 되었습니다. 피클이나 장아찌를 만들 때는 재료나 유리병에 수분이 남아 있지 않도록 하는 것이 중요합니다.

풋토마토 장아찌

재료

풋토마토 2kg, 통후추 20개, 페페론치노 10개, 바질잎 5장(생략 가능),

절임물(물 10컵, 천일염 3큰술),

간장물(진간장 2컵, 다시마 우린 물 4컵, 원당 1컵, 식초 1/2컵, 청주 1컵)

1 풋토마토는 먹기 좋은 크기로 잘라준다.
2 물 10컵에 천일염 3큰술을 넣어 소금물을 만든 후 반나절 정도 절인다.
3 절인 토마토는 흐르는 물에 헹군 후 체에 받쳐 물기를 제거하고 반나절 정도 꾸덕꾸덕하게 말린 후 용기에 담는다.
4 냄비에 진간장, 다시마 우린 물, 원당, 식초, 청주, 통후추를 넣어 팔팔 끓인 후 한 김 식혀 용기에 붓는다.
5 페페론치노와 바질잎을 넣어준다.
6 2~3일 후에 간장물만 따라내어 한 번 끓인 후 식혀서 부어준다.
7 풋토마토는 풋채소 특유의 아린 맛이 있어 보름 정도 후부터 먹는 것이 좋다.

풋토마토 장아찌는 여름 끝물에 버려지는 풋토마토를 이용하여 만듭니다.
풋채소 특유의 아린 맛이 있어 소금물에 절인 후 만드는 것이 좋은데 너무 오랫동안 절이면 껍질이 질겨질 수 있기에 반나절 정도 절이는 것이 적당합니다.

콩잎 물김치

재료

콩잎 50장, 양파 작은 것 1개, 마늘 2쪽,

청양 홍고추 2개, 물 1000ml, 다시마 2장,

표고버섯 3장, 된장 1작은술, 소금 1작은술,

통밀가루 5큰술

1 생콩잎은 흐르는 물에 깨끗이 씻어낸 후 물기를 빼준다.
2 물 1리터에 다시마와 표고버섯을 넣어 맛국물을 낸다.
3 맛국물을 식혀 통밀가루 5큰술을 풀어넣고 밀가루 풀을 쑨 후 식힌다.
4 양파와 마늘, 청양 홍고추는 썰어 준비하고 된장은 곱게 갈아준다.
5 밀가루 풀에 곱게 간 된장을 섞어준다.
6 콩잎을 그릇에 담고 양파, 마늘, 고추를 올려준 후 된장을 푼 밀가루 풀을 부어 하루 정도 삭힌 후 냉장보관한다.

콩잎 향이 은은하게 밴 콩잎 물김치는 시원하고 개운한 맛에 한번 맛을 들이면 자꾸만 찾게 됩니다. 생콩잎을 구할 수 있는 7월 초 정도에 만들어두면 좋습니다.

보리지꽃 오이냉국

재료

보리지꽃 10송이, 오이 1개, 양파 1/2개,
다시마 우린 물 800ml, 얼음 10개,
마늘 1쪽, 국간장 1큰술, 소금 1/2작은술,
현미식초 3큰술, 원당 1/2작은술

1 오이는 소금으로 문질러 가시를 제거하고 굵게 채 썬다.
2 양파도 오이와 같은 두께로 채 썬다.
3 채 썬 오이와 양파를 볼에 담고 마늘, 소금, 국간장, 식초, 원당을 넣고 밑간을 한 후 5분 정도 지나 물을 붓는다. (30분 정도 지나 먹는 것이 맛있다.)
4 먹기 전에 얼음과 보리지꽃을 띄운다.

무더위를 날려줄 아삭하고 시원한 오이냉국에 보리지꽃을 더했습니다. 보리지는 서양에서 우울증 치료를 위한 약초로 사용된다고 하네요. 잎과 꽃을 요리에 사용하는데 어린잎에서는 상큼한 오이향이 납니다. 꽃을 사용할 때는 꽃 안의 수술을 제거하는 것이 좋습니다.

8월

August

텃밭과일이 가장 맛있어지는 시기

8월 guide

입추(立秋)는 8월 7일 전후이며 가을로 들어가는 입(立)절기이지만, 아직 불볕더위가 기승을 부리는 때이기도 하다.

장마가 지나 다시 심은 여름 상추는 강한 햇볕에 오래 가지 못하니 오이, 가지, 여주, 토마토, 고추, 그린빈처럼 대부분 열매채소가 밥상에 자주 올라오게 된다. 이들은 양기가 강한 시기에 자라기 때문에 상대적으로 음성의 성질이 강하다. 더위에 지친 우리 몸을 식혀줄 수 있는 제철 식재료다.

"변하지 않는 것은 없다"는 말을 증명이라도 하듯 영원할 것처럼 기세등등한 여름볕도 8월 중후반을 지나며 서서히 힘을 잃어간다. 마치 어릴 적 세상에서 가장 크게 느껴졌던 아버지의 모습에서 조금씩 연약한 인간의 모습을 보는 것처럼 이 계절의 변화는 자연스러우면서도 때론 쓸쓸하기도 하다. 그래서 '가을을 남자의 계절이라고 하나?' 하고 생각해본다.

처서(處暑)는 8월 23일 전후이며 더위가 그친다는 뜻이다. "처서가 지나면 모기 입이 비뚤어진다"는 말이 있다. 극성을 부리던 모기도 서늘한 바람에 기운을 잃어 맥을 못 춘다고 해서 나온 말일 것이다. 그런데 지난해 8월은 기상관측 이래로 가장 더운 날씨를 기록했던 탓인지 모기들이 오히려 여름에 맥을 못 추고 8월 말 더위가 가시자 활개를 쳤다.

벼농사를 짓는 이들은 음력 칠월 칠석(7월 7일), 백중절을 기준으로 벼농사를 대부분 마무리하지만 텃밭을 꾸리는 이들은 이 시기에 한 차례 바쁜 일정이 시작된다. 여름 밭을 정리하고 무와 배추, 갓 등 텃밭의 중요한 행사인 김장농사를 준비해야 하기 때문이다. 꽃대가 올라온 여름채소들을 정리하고 가을채소로 이모작을 준비한다. 아침저녁으로 쌀쌀해지는 날씨는 참외나 수박, 호박, 고구마 같은 과채소의 당도를 높여준다.

8월

· 텃밭 먹거리 ·

그린빈, 오이, 여주, 가지, 토마토, 고추, 애호박, 강낭콩,
고구마줄기, 파프리카, 단호박, 노각, 옥수수, 참외, 수박, 참깨 등

· 씨앗 파종 : 양파, 쪽파, 배추, 무, 갓, 아욱, 쑥갓, 당근, 시금치 등
· 정식 : 양배추, 상추 외 쌈채소

쇠비름아~~
넌 왜 자꾸 내 눈에 띄니?

○
○
○

장마가 들기 전에 풀 정리를 한번 했지만 어느새 자랐는지 고랑이며 이랑이며 할 것 없이 풀이 점령했다. 가뜩이나 강한 햇볕에 맥을 못 추는 잎채소들은 풀의 기세가 강해져서 이제 풀을 키우는 건지 채소를 키우는 건지 모를 정도로 상황이 심각하다. '언젠가는 날을 잡고 한번 싹 베어줄 테다' 하며 노려보지만 더워도 너무 더운 날씨라 엄두가 나질 않는다. 하지만 8월 중순 이후로는 풀을 베주고 밭 정리에 들어가야 김장을 위한 가을 무, 배추 씨앗과 당근, 쑥갓, 아욱, 근대 등의 씨를 넣어 텃밭 이모작을 준비할 수 있다. 비가 오고 나면 풀 뽑기가 수월하니 미루고 미루다 비 온 다음 날 작정하고 일찍 나왔다. 땅이 촉촉하니 왠지 신발을 벗고 흙의 기운을 느껴보고 싶어진다. 매일 딱딱한 아스팔트 위만 걷다가 맨발이 흙에 닿으니 그 시원함과 편안함이란…… 오랜만에 느껴보는 상쾌한 기분이다.

처음 풀을 베기 시작할 땐 여기저기 올라온 풀들처럼 이 생각 저 생각들이 올라온다. 손으로는 호미를 들고 풀을 매지만 생각은 오만데 안 가는 곳 없이 돌아다닌다. 손바닥만 한 밭 정리를 하면서도 얼굴엔 땀이 비 오듯 흐르고 뱃속에선 꼬르륵~ 소리가 난다. 그런데 신기하게도 머릿속은 오히려 말끔해지면서 어수선했던 마음까지도 차분히 제자리를 찾아간다. 현대인들은 대부분 몸으로 하는 노동보다는 정신노동에 익숙하다 보니 운동을 하거나 찜질방에서 땀을 빼는 경우는 있지만 일을 하며 땀을 흘리는 경우가 예전보다 많지 않다. 가끔씩 작정하고 풀을 베고 나면 몸과 마음에 독소가 빠져 나가면서 힐링이 되는 기분이다.

8월의 텃밭에는 유독 쇠비름이 많이 자란다. 쇠비름은 번식력이 워낙 강해 농사를 짓는 이들에겐 가장 골치 아픈 풀 중 하나였던 적이 있었다. 하지만 요즘은 쇠비름의 영양학적 가치가 알려지며 귀한 대접을 받고 있다. 쇠비름은 오행초라고도 불린다. 꽃은 노란색, 씨앗은 까만색, 잎은 붉은색, 줄기는 초록색, 뿌리는 하얀색을 띠어 다섯 가지 기운을 모두 가지고 있다 하여 붙은 이름이다.

풀도 베야 하고 햇볕에 녹은 작물도 정리해야 하고 할 일은 많은데 쇠비름은 어쩌자고 자꾸 눈에 띄는지……. 못 본 척 하려고 하니 나물 좋아하는 우리 집 꼬맹이가 자꾸 눈에 밟힌다. 살짝 데쳐 국간장과 들기름으로 조물조물 무쳐주면 엄지 척 올려주는 그 맛에 한 바구니 캐어 집으로 돌아온다.

칼로리가 낮아 다이어트에 좋은 그린빈 키우기

○
○
○

서양요리에 많이 쓰이는 그린빈(Green bean)은 껍질째 먹는 콩이라 '껍질콩'이라고도 불린다. 6월 1일 파종한 그린빈은 일주일 후 떡잎이 올라오더니 한 달 정도 지나 줄기를 뻗으면서 꽃이 달리기 시작했다. 대략 50일 정도 지나니 수확할 수 있을 만큼 자라 많은 열매를 주었다.

처음엔 잘 자랄까 싶어 고추 밭 사이에 씨앗을 대충 몇 개 넣어두곤 잊고 있었는데, 고추줄기를 유인줄 삼아 감고 올라가더니 어찌나 빨리 자라는지 번식력이 참으로 놀라웠다. 콩과 식물에는 '뿌리혹박테리아'라는 세균이 기생하고 있어 공기 중의 질소를 모아주는 특성이 있다고 한다. 질소는 식물이 단백질을 합성하기 위해 필요한 중요 성분이다. 대부분 토양이나 공기 중에서 흡수하지만 부족할 경우 화학비료로 보충하게 되는데 콩과 식물을 함께 키울 경우 공기 중의 질소를 모아와 비료 없이도 자연적인 방법으로 공급해줄 수 있다. 그래서인지 지난해 고추는 병해충 없이 어느 때보다도 잘 자라 10월 말까지 수확할 수 있었다.

그린빈은 꽃이 피고 열흘 정도 지나면 수확할 수 있는데 오래 지나면 껍질이 딱딱해지기 때문에 수확 시기를 놓치지 않는 것이 중요하다. 간혹 수확 시기를 놓쳤다면 껍질째 말린 후 콩만 밥에 넣어 먹거나 요리에 이용할 수 있다. 생그린빈은 주로 샐러드로 이용하는데 꼬투리 끝을 잘라주고 살짝 데치거나 볶음요리에 주로 활용한다. 텃밭에서 바로 수확한 그린빈은 마트에서 판매하는 것과는 비교도 할 수 없을 만큼 부드러운 식감이 살아 있다. 밭에서 거둔 그린빈을 바로 요리할 수 없을 땐 살짝 데친 후 냉동실에 보관한다. 냉동 그린빈은 볶음이나 수프 요리에 이용해도 좋고 된장찌개나 라면 끓일 때 넣어도 고소한 맛을 느낄 수 있다. 아스파라긴산이나 라이신이 많이 들어 있어 피로해소나 피부미용에도 좋다. 칼로리가 낮아 다이어트에도 좋고 요리를 해놓으면 비주얼도 꽤 괜찮다.

아직 많이 알려지지 않은 작물이지만 키우기도 수월하고 맛도 좋아 앞으로 텃밭작물로 인기가 좋을 듯하다.

여름 보약 식재료,
여주

○
○
○

'여주' 하면 가장 먼저 생각나는 것이 쓴맛이다. 쓴맛은 음양오행(陰陽五行)에서 화(火)의 기운에 해당한다. 화(火)의 기운은 에너지가 시작된 후 퍼트리는 기운을 가지고 있다. 심장과 소장의 기운을 이롭게 하며 계절로는 여름에 해당하고 하루 중엔 오전, 일생으로는 청소년기로 볼 수 있다. 대표적인 색깔은 붉은색이며, 맛으로는 쓴맛에 해당한다. 양기가 극성인 여름, 우리 몸은 체온을 낮추고 땀으로 나간 수분을 보충하기 위해 차가운 음성의 음식들을 찾게 된다. 그런 이유로 여름에는 수박, 여주, 오이, 참외, 토마토 같은 수분이 많은 과채소를 이용하여 우리 몸의 밸런스를 맞춰주는 것이 중요하다.

여주처럼 강한 쓴맛은 열을 내리고 설사를 일으키는 작용을 하기 때문에 몸이 차거나 허약한 체질을 가지고 있는 경우에는 주의해서 먹어야 한다. 하지만 강한 여주의 쓴맛도 물에 데치거나, 양성이 강한 소금을 이용하는 방법으로 식재료의 성질을 중화시킬 수 있다. 말려서 차로 마시는 방법도 여주의 성질을 양성화시키는 방법 중 하나이다. 이렇게 양성화시키면 강한 쓴맛 또한 은은한 단맛으로 바뀌게 된다. 인삼이나 더덕, 민들레, 씀바귀, 여주차 등에서 느낄 수 있는 쌉싸름한 맛은 입맛을 돋우고 기운을 보충하는 효과가 있다.

여주는 당뇨에 좋은 식재료로도 유명하다. 세포는 혈당을 에너지로 사용하는데 혈액 속의 혈당이 세포 속으로 들어가 에너지로 사용되기 위해서 꼭 필요한 물질이 바로 '인슐린'이다. 췌장에서 인슐린이 잘 분비되지 않을 경우 당뇨나 고혈압 같은 대사질환을 유발할 수 있는데 여주에는 인슐린 유사물질인 펩티드

p, 카란틴 등의 영양소가 풍부하여 '천연 인슐린' 혹은 '당뇨 잡는 여주'라고 불리고 있다. 또한 여주는 열에 강한 비타민이 풍부하기 때문에 잘 조리하여 섭취한다면 입맛이 떨어지고 기운이 없는 여름철에 보약 같은 식재료가 될 수 있다.

베란다 텃밭 수박과 주말농장 참외

○
○
○

텃밭에 드나들기 시작한 첫해 수박 모종을 처음 보았다. 수박은 넝쿨식물이라 손바닥만 한 주말농장엔 왠지 자리를 너무 차지하는 것 같아 심지 않았다. 한편으로는 애써 키워놓은 수박을 누가 따 먹기라도 하면 어쩌나 하는 소심한 마음에 주말농장 대신 우리 집 베란다 텃밭에 심어놓았다.

5월 중순 심어놓은 모종은 월말이 되어도 자랄 기미를 안 보이더니 6월 초즈음 넝쿨을 뻗기 시작했다. 보름 정도 후에는 곁순 사이에 노란색 꽃이 달리기 시작하더니 그 밑으로 콩알만 한 수박이 열리는 게 아닌가. 하얀 솜털을 달고 있는 그 모습이 어찌나 귀여운지 손을 대기도 조심스러운 갓난아기를 보는 것만 같았다. 재밌는 건 크기만 작을 뿐 까만색 줄무늬가 어찌나 선명하던지 유전인자의 놀라움을 실감케 했다.

아침에 일어나면 가장 먼저 베란다 창문을 열고 얼마나 자랐는가 하고 들여다보곤 했다. 그 모습을 본 남편이 "나도 좀 그렇게 사랑스러운 눈으로 봐주면 안 돼?"라고 말해서 함께 웃었던 기억이 있다. '내가 꽃을 좋아하면 꽃에게 좋을까? 나에게 좋을까?'

매해 수박 키우기로 재미를 보니 지난해는 처음으로 참외에 도전을 해보았다. 수박은 열매로 영양이 많이 가기에 좁은 공간에서는 1~2개의 열매만 남기고 따주어야 하지만 참외는 일부러 꽃을 따주지 않았는데도 튼실하게 잘 자라주었다. 가만 생각해보니 나름 이유가 있었던 것 같다. 참외 옆 이랑에 루콜라를 심었는데 뜯어 먹을 시간이 안 되어 꽃을 피우게 됐다. 루콜라꽃이 너무 예뻐 그

대로 두었더니 벌들이 엄청나게 몰려들었고 이 벌들로 인해 참외, 오이, 여주 같은 과채소들의 수정이 잘되지 않았을까? 하고 나름 추측을 해본다.

요즘은 이른 봄부터 조기출하되는 참외를 볼 수 있다. 겨울철 하우스에서 키운 참외가 이 시기에 나오게 되는데, 추운 겨울 난방을 해가며 키운 참외는 벌이 없기에 일일이 손으로 수정을 시킨다고 한다. 겨울철 하우스에서 자란 참외와 한여름 노지에서 태양의 기운을 온몸으로 받고 자란 참외. 겉모습을 보고는 그 사람의 성품이나 사람됨을 알 수 없듯이 과일도 겉모습을 봐서는 거기에 들어 있는 에너지를 알 수 없는 것 같다.

참외는 6월 초에 모종으로 심어 7월 중순이 되니 숨바꼭질 하듯 여기저기서 열매를 내어주었다. 여름 내내 밭에 갈 적마다 1~2개씩은 수확한 덕분에 가까운 분께 선물하고 시아버님 제사상에도 튼실한 놈으로 3개를 올릴 수 있었다. 그날 만약 아버지가 오셨다면 "워메, 이걸 직접 키웠다고?" 하며 기뻐하셨을 텐데……. 생전에 애교가 없었던 며느리는 직접 키운 참외로 감사의 마음을 대신 해본다.

토마토와 환상적인 궁합,
바질

○
○
○

바질(Basil) 향을 너무 좋아해 텃밭농사를 시작한 후로는 해마다 키우고 있다. 특히 베란다에 심은 바질은 요리할 때 바로 따서 쓸 수 있으니 손끝으로부터 전해지는 상큼한 바질 향은 기분까지 맑게 한다.

주말농장에서는 토마토 옆에 심어 키운다. 바질의 독특한 향기는 토마토에 생길 수 있는 병해충을 막아주며 꽃이 빨리 필 수 있도록 이로운 벌레를 유인하는 역할을 한다. 토마토 옆에서 자라는 바질 또한 잎이 부드럽고 향이 진해진다.

사람처럼 식물도 한 공간에 있으면 부딪쳐 서로 힘들어지는 관계가 있고 부족한 부분을 채워가며 잘 살아갈 수 있는 관계가 있는 것 같다. 키울 때도 그렇지만 요리할 때도 토마토와 바질은 환상의 궁합이다. 그래서인지 샐러드, 수프, 피자, 스파게티 할 것 없이 토마토가 들어가는 요리에 바질을 넣어주면 요리가 한층 업그레이드된다. 말린 토마토에 마늘과 바질을 넣어 올리브오일에 재워두면 그 향기가 얼마나 좋은지 특히 바게트 빵에 찍어 먹으면 그 풍미가 환상이다. 스파게티나 감바스 알 아히요 같은 서양요리에도 이용해보면 깊은 맛이 살아있어 해마다 거르지 않고 만들게 된다. 만들어둔 올리브오일은 냉장실에서는 잘 굳기 때문에 실온에 두고 먹는 것이 좋다. 가능하면 한 달을 넘기지 않도록 하고 만들어둔 것이 많을 경우 냉동실에 보관하였다가 해동 후 먹는다.

바질을 수확할 때는 영양이 꽃으로 가기 전, 그러니까 꽃이 피기 전에 하는 것이 좋다. 바질은 요리에 이용할 수도 있지만 잘 말려서 차로 마셔도 좋다. 여름에 생잎을 찬물에 넣어 마시기도 하지만 잘 말린 바질은 깊은 향과 맛이 있어 겨울철 따끈한 차로 마시거나 가루를 내어 토핑으로 이용해도 좋다.

바질은 아유르베다(인도 고대 의학)에서도 어댑토겐(adaptogen, 강장제)으로 분류되어 강력한 회춘 작용을 하는 허브로 알려져 있는데 이는 우리 몸에서 부신의 기능을 올려주기 때문이다. 부신이란 콩팥(신장) 위에 위치한 내분비 기관으로, 이 부신에서 호르몬이 제대로 분비되지 않는다면 호르몬 균형이 깨져 혈당이 잘 조절되지 않고, 성호르몬의 분비가 저하되며, 만성피로 증상을 보이게 된다고 한다.

집에서 작은 화분 하나만으로도 바질은 쉽게 키울 수 있으니 올해는 '바질 키우기'에 도전해봐도 좋을 것 같다.

8월의 요리

감자 그린빈 샐러드

재료

감자 4개, 그린빈 1줌, 소금 1작은술, 올리브오일, 타임

1 냄비에 감자가 반 정도 잠길 정도의 물을 붓고 소금을 넣어 바특하게 찐다.
2 그린빈은 양쪽 끝부분을 잘라 끓는 물에 3분 정도 데친다.
3 찐 감자는 껍질째 4등분하고 그린빈은 반으로 잘라 그릇에 담는다.
4 소금과 올리브오일을 뿌리고 타임을 토핑한다.

포실포실하게 쪄낸 여름감자와 그린빈을 곁들인 샐러드입니다. 소금과 올리브오일만 넣었는데도 제철 식재료답게 너무 맛있어요. 여기에 텃밭에서 자라는 타임을 살짝 올려주니 고급 레스토랑 요리가 부럽지 않습니다.

여주 노각 샐러드

재료

여주 1개, 노각 1개, 진간장 1큰술,
다진 마늘 1/2큰술, 식초 2큰술,
올리브오일 2큰술

1 여주는 반으로 갈라 씨앗부분과 속살부분을 제거한다.
2 노각은 씨앗을 제거한 후 소금에 살짝 절인다.
3 여주와 노각은 굵게 썰어준다.
4 여주는 끓는 물에 살짝 데쳐 찬물에 5분 정도 담가 쓴맛을 우려낸다.
5 소스가 겉돌지 않도록 거즈를 이용해 여주의 물기를 제거한다.
6 간장, 다진 마늘, 식초, 올리브오일을 넣어 소스를 준비한다.
7 여주와 노각을 볼에 담고 소스를 버무려 병에 담아 냉장보관한다.
8 바로 먹을 수도 있지만 1~2일 후가 가장 맛있다.

여주는 천연 인슐린이 많아 당뇨가 있는 분들께 좋은 식재료이지만 강한 쓴맛 때문에 반찬으로 먹기가 힘든데요, 살짝 데쳐 물에 우려내면 쓴맛이 줄어들어 먹기에 좋습니다. 여주의 쌉싸름한 맛과 노각의 아삭함이 어우러져 여름 반찬으론 그만입니다.

그린빈 토마토 샐러드

재료

그린빈 1줌, 토마토 2개,

검정깨소금 2큰술, 올리브오일 2큰술

1 그린빈은 양쪽 끝부분을 잘라 끓는 물에 3분 정도 데친다.

2 토마토는 한입 크기로 자르고 그린빈은 식힌 후 반으로 자른다.

3 토마토와 그린빈을 그릇에 담고 올리브오일과 검정깨소금을 듬뿍 넣어 먹는다. (깨소금 만드는 법 : 293쪽 참고)

레시피라고 할 것도 없이 간단한 요리지만 토마토에 깨소금을 넣으면 간을 따로 할 필요 없는 샐러드가 됩니다. 검정깨에 들어 있는 기름 성분은 토마토에 들어 있는 항산화물질인 라이코펜의 흡수를 도와주기 때문에 궁합이 좋은 음식이 됩니다. 제철 그린빈을 즐길 수 있는 간단하지만 영양 많은 샐러드입니다.

토마토
바질 오일

재료

말린 토마토 1줌, 바질잎, 올리브오일(엑스트라버진) 500ml, 마늘 2개,

후추 1/2작은술, 페페론치노 3개, 고수씨앗, 귤칩(생략 가능), 소금 약간, 유리병

1 토마토는 0.7~0.8cm로 슬라이스 한 후 소금을 약간 뿌린 후 건조기에 넣고 70℃에 맞춘 후 10시간 정도 말려준다.

2 열탕으로 소독한 유리병에 말린 토마토와 편으로 썬 마늘, 고추, 후추, 바질을 넣고 올리브오일을 부어준다.

3 기호에 따라 고수씨앗과 귤칩을 추가한다.

4 오랫동안 보관할 경우 귤칩을 빼고 보관한다.

해마다 빠지지 않고 만드는 토마토 바질 오일입니다. 보름 정도 지나 작은 병에 옮겨 담아 냉동실에 보관하면 오랫동안 먹을 수 있습니다.

모듬채소
딜 피클

재료

오이 1개, 당근 5개, 고추 4개, 파프리카 2개, 물 1컵, 식초 1컵, 설탕 1/2컵,

딜 2줄기, 슬라이스 라임 2쪽, 월계수잎 1장, 통후추 10개, 유리병

1 냄비에 물, 식초, 설탕과 통후추를 넣어 설탕이 녹을 때까지 끓인다.
2 오이, 당근, 고추, 파프리카는 먹기 좋게 세로로 잘라준다.
3 열탕 소독한 유리병에 손질한 재료를 넣고 딜, 라임, 월계수잎을 넣는다.
4 피클주스가 뜨거울 때 병에 붓는다.
5 뚜껑을 덮고 병을 거꾸로 세워 실온에서 식힌 후 냉장보관한다.
6 1~2일 정도 숙성 후 먹는다.

저장음식인 피클도 재료가 신선해야 맛이 있어요.
텃밭에서 수확한 채소들에 딜(Dill)을 더하니 상쾌한 향이 나는 모듬채소 딜 피클이 되었습니다.

9월

September

가을 햇살에 텃밭채소를 말리다

9월 guide

백로(白露)는 9월 9일 즈음으로 흰이슬이라는 뜻이다. 밤 기온이 내려가 나뭇잎이나 풀잎에 이슬이 맺힌다는 데서 유래한다. "덥다 덥다. 더워도 너무 덥다" 했던 여름도 '지난 여름'이라는 이름을 붙여야 할 때가 온 것이다. 낮에는 더워도 아침 저녁으로 느껴지는 바람의 기운이 다르다.

된장에 찍어 먹던 풋고추는 빨갛게 익어가니 볼 때마다 거두어 말려둔다. 날씨가 선선해지니 여름 더위에 맥을 못 추던 여름 잎채소와 근대는 다시 자라기 시작하고, 8월에 씨앗을 넣은 무, 배추, 갓, 쪽파는 조금씩 모양이 잡히면서 김장밭이 되어간다.

추분(秋分)은 9월 23일 즈음이다. 낮과 밤의 길이가 같아지므로 이날을 계절의 분기점으로 본다. 낮과 밤이 같은 시기이지만 여름 더위가 남아 있는 탓에 추분은 춘분에 비해 10℃ 정도가 높다. 후텁지근한 날씨가 지나고 이즈음에 부는 선선한 바람과 마른 햇살은 그냥 보고만 있자니 왠지 아깝다라는 생각이 든다.

핑계 삼아 이불이나 도마 같은 살림살이도 꺼내어 말리고 호박, 가지, 여주, 토마토, 홍고추, 토란대 같은 텃밭채소들도 틈틈이 거두어 말린다. 이맘때 거두어 먹는 애호박은 살캉하게 씹히며 단맛을 내고 가슬가슬한 호박잎은 살짝 데쳐서 쌈으로 싸 먹으면 뱃속의 묵은 때라도 씻겨 내려갈 듯하다. 추분이 지나고 낮이 점점 짧아지면 여름텃밭을 풍성하게 채웠던 열매채소들은 하나둘 줄어들고 고구마줄기가 가을 반찬으로 상에 오른다.

9월

· 야생초 먹거리 ·

비름, 명아주, 달래, 별꽃

· 텃밭 먹거리 ·

당근, 토마토, 가지, 호박, 참외, 여주, 오크라, 그린빈, 상추 외 쌈채소, 케일, 근대, 토란대, 고구마줄기, 녹두, 수수, 바질 외 허브

· 씨앗 파종 : 마늘, 양파, 시금치, 갓, 쪽파, 총각무, 얼갈이배추
· 정식 : 배추, 양배추

송송 썰어주면 별이 보이는 이색채소,
오크라

○
○
○

아욱과 식물인 오크라는 뜨거운 여름을 좋아하는 아열대성 작물이다. 여자 손가락처럼 길게 자란다 하며 '레이디 핑거'라고도 한다. 일본에서는 100세 건강식품으로 선정되어 흔히 볼 수 있는 채소다. 발아율이 좋아 씨앗은 보통 하나씩만 넣거나 2개를 넣은 뒤 어느 정도 키워 하나만 남긴다. 일찍 심으면 싹이 트기까지 시간이 많이 걸리거나 발아가 되지 않을 수도 있어 보통 5월 중순 이후에 씨앗을 넣는다.

오크라는 강화 5일장에서 처음 보았다. 약재코너에 말린 오크라가 있어 반가워했더니 가게주인이 오히려 내게 뭐냐고 물어봤다. 일본에서 많이 먹는 '오크라'라는 채소인데 위장에 좋다고 알려드렸더니, 관심 있으면 키워보라면서 꼬투리 몇 개를 주길래 받아왔다. 혹시나 싶어 다음해 4월 즈음 씨앗을 넣었다. 나올 기미가 없어 발아가 안 되나보다 했는데, 5월 말 정도 되어 뒤늦게 떡잎이 올라오더니 장마 지나고 날씨가 더워지자 빠르게 잎을 키워갔다.

원줄기는 거의 나무에 가까이 자랐고, 7월 중순 즈음 피는 꽃은 무궁화처럼 큼지막한 것이 보는 즐거움도 좋았다. 꽃이 피고 난 자리에 열매가 달리기 시작하면 일주일에서 열흘 정도 사이에 따는 것이 부드러워 먹기에 좋다. 이 시기의 오크라를 잘라보면 연근이나 토란에서 볼 수 있는 끈적끈적한 점액질 성분을 볼 수 있다. 무틴(mutin)이라는 성분으로 위벽을 보호하고 위장 기능을 좋게 한다. 간혹 시기를 놓친 열매는 줄기처럼 딱딱해지고 씨도 커져서 요리하기가 쉽

지 않다. 이때는 껍질을 벗기고 씨만 꺼내서 밥에 넣어 먹을 수 있다.

오크라의 겉모습은 고추와 닮았지만 겉모습만 비슷할 뿐, 맛도 다르고 씨앗의 모양도 다른 아욱과 채소다. 지난해는 오크라 옆에 히비스커스 씨앗을 넣었더니 구별이 잘 되지 않을 만큼 잎의 생김이나 자라는 모습이 비슷했다. 7월 중순 이후부터 꽃을 피우는 오크라와는 달리 무성하게 잎만 키운 히비스커스는 결국 꽃을 보지 못하고 첫서리에 얼어버려 어찌나 아쉬웠는지…….

오크라를 요리할 때는 표면에 있는 솜털을 소금으로 살짝 문질러 씻어내고 꼭지 주변은 딱딱하기 때문에 얇게 벗겨 조리하는 것이 좋다. 생으로 먹으면 아삭한 식감이 살아 있어 낫토에 곁들이거나 샐러드로 먹지만 열을 가하면 부드러워지기 때문에 조림에도 잘 어울린다. 완전히 영글어 흑갈색이 되면 씨를 원두처럼 볶아 차로 마실 수 있다.

오장을 보하는 단맛,
호박

○
○
○

호박은 애호박, 단호박(밤호박, 당호박), 늙은호박(멧돌호박, 청둥호박), 주키니 호박, 땅콩호박, 국수호박 등 종류가 100여 가지가 넘는다. 당근과 호박처럼 노란색을 띠는 베타카로틴은 체내에서 비타민 A로 변환되어 항산화 역할을 하기 때문에 암세포의 발생을 억제하고 면역력을 높여준다.

호박, 양파, 양배추, 참외, 복숭아, 포도, 옥수수처럼 단맛이 나는 채소나 과일은 음양오행(陰陽五行)에서 토(土)의 기운에 해당하며 우리 몸에서는 위, 췌장, 비장을 보하는 식재료다. 밥을 오래 씹으면 입에 침이 고이며 단맛이 느껴지는데 한의학에서는 이런 단맛이 몸을 보하고 몸에 진액을 만드는 아주 중요한 맛이라고 한다. 우리가 밥을 먹으면 소화기관을 통해 포도당이 흡수되어 혈당량이 증가하게 된다. 혈당량이 증가하면 췌장에서 인슐린이 분비되고, 포도당은 분비된 인슐린으로 인해 세포 속에 들어가 에너지원으로 사용될 수 있게 된다. 이 에너지원으로 사용되는 포도당은 아주 중요하기 때문에 우리가 음식으로 꼭 섭취해주어야 한다. 포도당은 대부분 쌀이나 보리, 밀, 고구마, 감자 등에 포함되어 있지만 호박, 참외, 복숭아, 포도 등의 과류, 채소에도 함유되어 있다. 호박은 소화기관을 편하게 하기 때문에 아기들 이유식이나 환자들의 치료식에도 많이 사용된다.

한여름 호박은 풋풋한 맛이 나고 아침, 저녁으로 일교차가 커지는 초가을 호박은 달달하면서도 깊은 맛이 난다. 호박은 잎과 열매를 모두 먹을 수 있으며 솜털이 보송보송 나 있는 호박잎은 살짝 쪄서 된장에 싸 먹으면 보들보들한 식감

에 끝도 없이 손이 간다. 굵은 소금에 살짝 절인 후 헹궈서 새우젓과 생강, 홍고추와 다진 마늘을 넣어 볶아주면 살캉하게 씹히는 애호박 나물이 되고, 수확량이 많으면 먹기 좋게 자른 후 말려 호박고지를 만들어두면 여러 가지 요리에 활용할 수 있다.

텃밭에는 보통 애호박을 많이 심는데 5월 초에 모종으로 심으면 서리가 내리는 10월까지 수확할 수 있다. 시골에 산다면 밭 가장자리나 담벼락 옆에 심어 하나씩 따먹는 재미가 있겠지만 주말농장처럼 좁은 공간에서는 오이, 여주, 참외 같은 넝쿨과 식물과 같이 자라도록 지지대를 만들어주는 것이 좋다. 더운 날씨를 좋아하는 애호박은 폭염이 기승을 부렸던 지난해에 생산량이 너무 많아져서 산지에서 폐기되기도 했다고 한다. 못생긴 사람을 호박꽃에 비유하곤 하는데 그건 호박만 보고 호박꽃을 보지 못한 사람이 붙인 말인 듯하다. 활짝 핀 호박꽃은 백합꽃처럼 날렵하진 않더라도 푸근하고 정감 있는 모습이다.

호박잎쌈

말린 텃밭채소
활용법

○
○
○

요리를 하고 남은 가지, 호박, 토마토, 파프리카, 당근, 무 같은 식재료는 냉장고에 보관하기보다는 채반에 말려두었다가 사용하곤 한다. 채소를 말리면 채소 안의 수분이 증발되면서 영양소와 맛이 응축되어 식감이 좋아진다. 수분이 증발되었기 때문에 저장성도 좋아지고 음식물 쓰레기도 줄일 수 있다. 화학약품으로 키운 채소는 마르지 않고 쉽게 썩어버리지만 유기질비료나 무농약으로 키운 채소는 바람이 잘 통하는 나무나 스테인리스 채반에 잘 늘어놓기만 해도 자연스럽게 잘 마른다.

9월은 선선한 바람과 함께 햇살도 강하니 채소 말리기에 좋은 시기이다. 무청이나 배춧잎, 고춧잎, 토란대, 고구마줄기 같은 텃밭채소나 취나물, 고사리 등의 산나물을 말리거나 데쳐서 말린 나물을 묵나물이라고 한다. 대부분의 묵나물은 식이섬유가 많아 장운동에 도움이 되고 변비를 예방한다. 또한 칼륨이 풍부하여 나트륨의 배출을 도와 부종을 개선하고 혈액순환을 원활하게 한다. 여름 생채소에 비해 말리고 불리는 과정이 좀 번거롭긴 하지만 쫄깃하게 씹히며 깊은 맛을 내는 묵나물에 한번 맛을 들이고 나면 이것저것 식재료를 말리게 된다.

호박을 말린 것을 호박고지라 하고, 가지나 무를 말린 것은 말랭이, 무청이나 배춧잎 말린 것을 시래기라고 한다. 식재료에 따라 수분이 없는 드라이(dry) 상태로 말리기도 하고 살짝 물기만 말리는 세미 드라이(semi dry) 상태로 말리기도 한다. 무는 드라이 상태로 말려 채수를 만들 때 이용하거나 차로 마셔도 좋고 토마토나 가지, 호박 등은 세미 드라이 상태로 말려 요리에 이용하면 쫄깃쫄

깃한 식감이 더욱 좋아진다. 텃밭에서 키운 당근은 굵게 다져 드라이 상태로 말려두면 밥에 넣어 먹거나 김밥을 쌀 때도 좋다.

드라이 상태로 말린 식재료는 속이 비치는 병에 담아 습기제거제를 넣어 실온보관하고, 세미 드라이 상태로 말린 식재료는 냉장이나 냉동보관한다. 채소를 말릴 때는 햇빛에 말리거나 식품건조기 또는 오븐을 이용한다. 햇빛에 말릴 경우에는 우리 몸에 부족해지기 쉬운 비타민 D를 보충할 수 있고 식품건조기나 오븐을 이용할 경우엔 위생적으로 짧은 시간에 건조시킬 수 있다는 장점이 있다.

9월의 요리

둥근 애호박 볶음

재료

둥근 애호박 1개, 청고추 1개, 홍고추 1개, 마늘 2쪽, 소금 2꼬집, 물 100ml,

고운 고춧가루 1큰술, 들기름 1큰술

1 둥근 애호박은 먹기 좋게 한입 크기로 썰어준다.
2 고추는 어슷썰기하고 마늘을 다져준다.
3 기름을 두르지 않은 팬에 물 100ml를 넣고 바글바글 끓여준다.
4 물이 끓으면 소금을 2꼬집 넣어주고, 썰어놓은 둥근 애호박을 넣고 뚜껑을 닫아 살캉하게 익혀준다.
5 호박이 익으면 다진 마늘과 고춧가루, 홍고추, 청고추를 넣어준다.
6 양념이 배어들면 들기름을 넣어 살짝 볶아준다.

호박은 기름을 빨리 흡수하기 때문에 기름에 볶으면 느끼해질 수 있는데요, 물로 볶아 마지막에 들기름을 넣으면 좋은 기름을 건강하게 섭취할 수 있습니다.

애호박 두부젓국

재료

애호박 1개, 두부 1/3모, 새우젓 1큰술, 소금 1/3작은술,

홍고추 1개, 청고추 1개, 다진 생강 1/2작은술, 대파 약간, 쌀뜨물 5컵

1 쌀뜨물에 새우젓을 넣고 끓이다가 끓기 시작하면 거품을 걷어낸다.

2 애호박, 대파, 고추를 넣고 마지막에 두부를 넣어 한소끔 끓인다.

3 새우젓의 비린 맛을 없애기 위해 다진 생강을 넣는다.

4 부족한 간은 소금으로 입맛에 맞춘다.

깔끔하고 담백한 국물에 반하는 애호박 두부젓국입니다. 오래 끓이면 국물이 탁해지기 때문에 가능하면 센불에 빨리 끓이는 것이 맑은 국물을 내는 비법입니다.

오크라 낫토 비빔밥

재료

| 2인분 |

오크라 3개, 밥 2공기, 낫토 1팩,

토마토 1개, 진간장 2/3큰술, 들기름 1큰술

1 오크라는 소금으로 살짝 문질러 표면에 솜털을 제거한다.

2 꼭지 주변은 딱딱하기 때문에 살짝 벗겨내고 송송 썰어준다.

3 토마토는 굵게 다진다.

4 밥 1공기를 그릇에 담고 다진 토마토, 낫토, 오크라 순으로 올려 분량의 진간장과 들기름을 넣는다.

낫토 비빔밥에 토마토를 넣으면 낫토와 오크라에 들어 있는 미끌거리는 식감을 잡아줄 수 있고 들기름은 토마토에 들어 있는 항산화물질인 '라이코펜' 성분이 잘 흡수될 수 있도록 도와주니 간단하지만 건강하게 먹을 수 있는 한 그릇 요리입니다.

10월

October

가을걷이로 바쁜 달

10월 guide

한로(寒露)는 10월 8일 즈음으로 찬이슬이 내린다는 뜻이다. 아침 저녁으로 가을의 냉기가 사뭇 다르게 느껴지지만, 한낮에는 춥지도 덥지도 않고 바람마저 상쾌한 날씨를 보인다. 텃밭에는 지난 여름에 씨앗을 뿌린 무, 배추, 쪽파, 갓이 수확을 앞두고 있고 쑥갓, 당근, 시금치, 루콜라, 가을열무, 근대, 아욱 등은 자라는 대로 거두어 먹는다. 말린 새우를 넣어 아욱된장국이라도 끓이는 날이면 "가을 아욱국은 사립문을 닫고 먹는다"는 말에 절로 고개가 끄덕여진다. 상강(霜降)이 되기 전 고추그루를 뽑아 서리걷이(서리가 내리면 고추는 잎과 열매가 얼었다 녹으며 물러지기 때문에 그 전에 고춧잎과 고추를 따야 한다는 말이다)를 해야 한다. 간간이 나오는 여주, 호박, 가지도 가을볕에 잘 말려 겨우내 먹을 찬거리로 준비하고 허브들도 거두어 허브차나 허브오일을 만들어야 하니 가을걷이로 바쁜 시기를 보낸다.

상강(霜降)은 10월 23일 즈음이며 서리가 내린다는 뜻이다. 가을의 끝에 있는 마지막 농번기다. 겨울농사를 준비하는 이들은 밀, 보리, 마늘을 파종해야 하는 시기이다. 낮에는 가을의 쾌청한 날씨가 계속되지만 밤에는 기온이 매우 낮아지기에 단풍이 시작되며 추위에 강한 국화는 이맘때 꽃을 피운다. 서리가 내리면 배추는 냉해를 입을 수 있으니 미리 묶어주어 김장준비를 한다. 무, 배추,

쪽파, 갓, 생강, 홍고추 등 이 시기에 자라는 식재료들은 겨울철 밥상에 빠지지 않는 김장의 재료가 된다. 여러 가지 재료가 어우러져 만들어지는 김치는 발효 과정을 거치며 영양을 더하니 그야말로 몸에 좋은 제철 먹거리이다.

10월

· 야생초 먹거리 ·

쑥, 별꽃

· 텃밭 먹거리 ·

무, 배추, 고추, 쪽파, 파, 갓, 생강, 부추, 들깨, 고구마, 상추 외 쌈채소,
쑥갓, 케일, 아욱, 근대, 호박, 땅콩, 당근, 토란, 수수, 콩, 팥 등

· 씨앗 파종 : 밀, 보리, 마늘
· 정식 : 양파

성장기 어린이에게 좋은 영양 채소, 아욱

○
○
○

아욱은 봄과 가을, 두 번 씨앗을 뿌려 수확할 수 있고 병충해가 없어 재배하기 무난하다. 직파를 하여 솎아내기를 하거나 모종으로 만들어 옮겨심기한다. 생육기간이 짧아 몇 번 거두지 않고 꽃대가 올라오기 때문에 부지런히 거둬 먹어야 한다. 4월에 씨앗을 뿌리면 한 달 정도 지나 먹을 수 있을 만큼 자라고, 한 뼘 이상 자랐을 때 윗부분을 잘라주면 아랫부분에 곁가지가 나와 몇 번 더 거둘 수 있다. 4월에 씨앗을 뿌리면 7월까지 먹을 수 있고, 봄 아욱의 씨앗을 받아 8월에 뿌리면 서리 내리기 전까지 거둬 먹을 수 있다.

아욱은 조리하기 전에 풋내를 우려내는 것이 중요하다. 억센 줄기는 껍질을 벗기고 굵은 소금을 넣어 바락바락 주물러 헹구어야 미끈거리는 즙액이 빠져나와 풋내가 나지 않는다. 나물로 무칠 때는 데치기보다 풋내를 우려내고 볶아서 조리하는 것이 좋다. 나물, 밥, 죽, 전 등에 이용하는데 "가을에 아욱국을 끓이면 집 나간 며느리가 돌아와 사립문 닫아 걸고 먹는다"라는 말이 생각나 빙그레 웃게 된다. 속탈이 났을 때는 아욱죽만 한 것이 없다. 흰밥 한 덩이를 넣고 된장을 풀어 아욱죽을 끓이면 뱃속이 뜨끈해지며 막힌 속이 확 풀어진다. 마트에서 파는 아욱은 잎이 크고 억세지만 텃밭 아욱은 어린잎부터 먹을 수 있으니 잎이 보드랍고 연한 것이 그야말로 입에서 살살 녹는다. 자라는 대로 거두어 먹고 수확량이 많을 때는 풋내를 제거하여 된장에 조물조물 무친 후 한 번 먹을 양만큼 소분해서 냉동보관한다.

아욱의 잎은 한자로 동규(冬葵) 또는 규채(冬葵), 씨는 규자(葵子)라고 한다.

꽃대가 올라오면 대를 잘라 말려 씨앗을 받는다. 아욱의 씨를 볶아 끓여 먹는 것이 바로 '동규자차'이다. 동규자는 이뇨작용이 있어 산모의 젖분비를 촉진하고 붓기를 해소하는 효과가 있지만, 임신 중에는 유산의 위험이 있어 주의하는 것이 좋다. 아욱은 식이섬유가 많아 다이어트와 변비예방에 좋은 식재료이지만 설사를 일으킬 수 있으니 지나치게 많이 먹지 않도록 한다. 중국에서는 '채소의 왕'이라고 불릴 정도로 무기질과 칼슘이 풍부해 어린이 성장발육에도 좋은 채소다. 말린 새우를 넣어 요리하면 상대적으로 부족한 단백질과 아미노산을 보충할 수 있다.

봄부터 가을까지 텃밭의 터줏대감, 근대

○
○
○

근대는 남유럽 지중해 연안이 원산지이며, 4월에 씨앗을 뿌리면 첫눈이 오는 11월까지 먹을 수 있는 텃밭 장수작물이다. 근대 씨앗은 씨방 안에 3~4개의 씨앗이 들어 있기 때문에 다른 씨앗에 비해 크기가 크다. 호미로 땅을 살짝 긁어낸 후 1cm 깊이로 골을 내어 줄뿌림하거나 흩어뿌림한다. 10일 정도 후 떡잎이 나오고 일주일 정도 지나면 본잎이 나온다. 근대잎을 크게 만들려면 옆에 있는 풀들을 제거하며 솎아내기를 한다. 이때 솎아낸 어린 근대잎은 보들보들 부드러워 근대국을 끓이면 정말 맛있다. 잎을 자르면 새순이 돋아나는 근대는 속잎 4~5장만 남기고 겉잎을 뜯어서 거둔다.

봄에 씨앗을 뿌린 근대는 장마가 가까워지면 성장이 주춤하며 녹아내리는데 이때 뿌리를 남기고 깨끗하게 밀어내면 초가을 새순이 다시 올라와 김장배추 거둘 때까지 먹을 수 있다. 적근대는 주로 샐러드로 먹고 청근대는 국을 끓이거나 데쳐 나물로 먹는다. 시금치와 사촌지간이라 자세히 보면 뿌리부분에 붉은 부분이 있고 단맛이 난다. 옥살산이 있어 신장결석을 일으킬 수 있기 때문에 한꺼번에 많이 먹는 것을 피하고 가급적 익혀서 조리한다. 비교적 찬 성질을 띠고 있어 열을 내리고 열독을 다스리는 효과가 있다. 식이섬유와 비타민 A가 많아 피부미용과 다이어트에 도움이 되고 무기질이 풍부해 소화기능과 혈액순환에도 도움이 된다.

살짝 데쳐 나물이나 쌈밥으로 먹어도 좋고, 샤브샤브 같은 국물요리에도 잘 어울리며 볶음밥 또는 고기볶음에 활용해도 좋다. 추위에 강한 근대는 온도가 내려갈수록 깊은 맛을 내는데 된장국이나 현미죽을 끓이면 그 진가가 발휘된다. 근대는 수분이 많아 쉽게 물러지기 때문에 빠른 시일 내에 사용하는 것이 좋다. 남은 재료를 보관할 경우에는 신문지에 싸서 냉장실에 일주일 정도 보관할 수 있고, 수확량이 많을 때는 아욱처럼 냉동보관할 수 있다. 살짝 데친 후 데친 물을 약간 넣어 냉동보관하면 겨울에도 맛있는 근대를 먹을 수 있다.

파종 후 30일 정도 지나면 수확할 수 있고 초겨울까지 거둬 먹을 수 있으니 텃밭 한쪽 끝에 자리를 잡아주면 일년 내내 직접 키운 근대를 먹을 수 있다. 요즘 얘기하는 '가성비'가 좋은 채소다.

텃밭 허브 활용법

○
○
○

허브(Herb)는 주로 향기가 나는, 사람에게 유익한 식물을 말한다. 관상용으로 활용하고 요리에 넣어 풍미를 더하기도 하지만 허브차나 오일, 식초, 방향제 등 여러 가지 용도로 사용된다. 대부분 통풍이 잘되고 배수성이 좋은 토양에서 잘 자란다. 꽃이 피기 전이 향이 강하고 영양이 많은 시기이기 때문에 이때 수확하는 것이 좋다. 한 다발씩 묶어 바람이 잘 통하는 곳에서 말려두었다가 필요할 때마다 조금씩 따서 쓰거나 씻어 말린 후 밀폐용기에 보관한다.

요리에 사용하는 허브는 말리지 않고 냉동실에 보관하여 수프나 스튜에 이용하기도 한다. 가루를 사용할 경우엔 음식에 넣기 전에 손으로 비벼 사용하는 것이 풍미가 좋다. 바질, 딜, 펜넬, 고수 같은 허브의 씨앗은 수프, 소스, 샐러드, 스튜 또는 차로 이용한다.

말린 허브를 사용할 경우엔 생허브의 반 정도만 사용하고 수프나 샐러드에는 요리의 마지막에 넣는 것이 좋다. 대부분의 허브는 비타민과 미네랄이 풍부하여 소화를 돕거나, 항균작용을 하기 때문에 식후에 차로 마신다. 몸을 이완시키는 음성성질이 강한 허브는 커피와 달리 카페인이 없기 때문에 카페인에 민감한 이들도 차로 즐길 수 있다. 허브차는 그늘에 말린 후 마른 팬에 덖어주면 생잎보다 진한 허브의 향을 느낄 수 있다.

허브오일을 만들 때는 바질, 로즈마리, 애플민트, 타임, 레몬밤 등을 주로 사용한다. 수확한 허브를 깨끗이 씻어 그늘에 말린 후 열탕 소독한 병에 말린 허브를 넣고 올리브오일을 부어준다. 여기에 마늘이나 페페론치노를 더하기도 한다.

수분이 남아 있을 경우 산패될 수 있어서 수분을 잘 말리는 것이 중요하고 일주일에서 열흘 정도 지나 허브를 꺼내고 나서 사용한다.

허브식초는 바질, 딜, 타임, 마조람, 로즈마리, 타라곤 등을 이용한다. 허브식초를 만들 때는 향이 강하지 않은 현미식초를 사용하는 것이 좋고 허브오일을 만들 때와 같이 열탕 소독한 병에 허브와 식초를 넣어준 후 자주 흔들어준다. 1~2주 후에 허브를 꺼내고 사용한다.

허브식초

애플민트, 로즈마리 오일

말린 허브차

요리 향신료에 사용하는 타임

레몬밤 Lemon balm

이름처럼 상쾌한 레몬향이 난다. 꿀이 많아 벌이 좋아하는 식물로 기르기도 쉽고 화분에서도 잘 자란다. 벌레 물린 데 바르면 해독과 통증 완화에 도움이 된다. 마음을 편안하게 하고 우울, 불안, 불면 등을 개선해주는 효과가 있어 예부터 신경 완화제로 사용되었다고 한다. 차로 마시거나 샐러드, 수프, 생선과 육류 등의 다양한 요리에 사용한다. 큰 물병에 레몬밤 잎과 얇게 썬 레몬 슬라이스 한 조각을 넣고 얼음물로 가득 채우면 시원한 레몬밤 워터가 된다.

애플민트 Apple mint

사과와 박하가 섞인 듯한 상쾌한 향이 난다. 추위에 잘 견디며 반그늘 상태에서 잘 자란다. 꺾꽂이 또는 포기 나누기로 번식시킨다.
살균, 소독, 진정, 진통작용이 있으며 잎으로 허브차를 만들어 마시면 소화불량이나 피로회복에 도움이 된다. 유럽에서는 생선요리, 달걀요리에 들어간다.

레몬밤

애플민트

스피어민트 Spearmint

가장자리에 뾰족하고 톱니모양의 잎이 나 있어 스피어(=창)라는 이름이 붙었다. 스피어민트는 두통과 스트레스를 완화해주고 가스 찬 속을 풀어주며 딸꾹질이 잦아들게 해준다. 스피어민트는 멘톨 에션셜 오일을 함유하고 있기 때문에 치약과 입 냄새를 없애주는 껌에 사용된다.

페퍼민트 Peppermint

페퍼민트는 스피어민트와 워터민트를 교배한 결과물이다. 페퍼민트는 뿌리를 통해 번식하며 어디에 심든 빨리 자란다. 진한 녹색 잎은 가장자리에 톱니모양의 자국이 있다. 멘톨 함량이 높기 때문에 강한 민트 향과 맛을 가지고 있다. 메스꺼움과 소화불량 증상에 효과가 있으며 식사 후 입을 개운하게 하고 소화를 돕기 위해 마신다. 페퍼민트를 티포트에 담고 뜨거운 물을 부어 5분 정도 우린 후 걸러내어 뜨겁게 또는 차갑게 마신다.

스피어민트

페퍼민트

로즈마리 Rosemary

'바다의 이슬'이라는 뜻을 가진 로즈마리는 잎이 솔잎처럼 가늘고 길게 자라며 숲속에 들어와 있는 듯한 상쾌한 향을 가지고 있다. 항산화제의 여왕이라 불릴 정도로 강력한 항산화 효과를 지녔으며, 잡내를 제거하기에 매우 효과적이어서 고기요리에 많이 사용된다. 로즈마리향은 불안이 감소되고 기억력을 증진하는 효능이 있어 수험생들에게 도움이 되며 알츠하이머병을 예방하고 치료하는 효과가 있다는 연구결과가 있다.

한련화 Nasturtium

관상용으로 많이 키우는 식용 허브이다. 봄에 파종하면 늦봄에, 가을에 파종하면 초봄에 꽃을 피운다. 햇빛이 부족하면 잎이 작아지고 웃자라기 쉽다. 톡 쏘는 겨자맛이 나는 한련화의 잎과 꽃은 요리의 장식에 자주 사용한다.

로즈마리

한련화

보리지 Borage

보리지는 잔털이 많이 있고 7~8월에 보라색으로 가지 끝에 꽃이 달린다. 미네랄, 칼슘, 칼륨 함량이 매우 높으며, 잎은 상큼한 오이향이 난다. 아드레날린 분비샘을 자극하는 것으로 알려져 있어 서양에서는 우울증 치료를 위한 약초로 쓰인다. 습기에 약하므로 장마철에는 되도록 물을 주지 않거나 평소보다 적게 주어 관리한다.

고수 Coriander

지중해 지방이 원산지인 미나리과 허브이다. '코리앤더'라고도 부른다. 300년 넘게 약용 또는 식용으로 재배되어왔다. 중국요리는 물론 베트남, 태국, 인도 등 다양한 나라에서 빠질 수 없는 향신료이다. 특유의 냄새 때문에 호불호가 많이 갈리지만 한번 빠지면 자꾸 먹게 된다. 고수는 잎과 씨앗의 향이 다르다. '코엔트로(coentro)'라고 불리는 고수의 씨앗은 시트러스 계열의 레몬향이 나며 식욕을 증진시키고 담을 없애는 효과가 있다.

보리지

고수

세이지 Sage

세이지의 어원은 라틴어로 살비아(salvia)에서 왔는데 '안정', '치유'의 뜻이 있다. 시린 잇몸, 관절염 증상 완화, 소화 촉진, 상처 치유 등 광범위한 효능을 가진 약초로 알려져 있다. 세이지는 쓴맛과 매운맛을 동시에 가지고 있다. 가스가 차거나 더부룩한 증상이 있을 때 식사 전후 세이지 차를 마시거나 요리에 세이지 향신료를 넣어 만들면 좋다.

타임 Thyme

남유럽이 원산지이며 꿀풀과의 허브이다. 특유의 강한 향이 있어 오랜 시간 방부제로 사용되어왔다. 타임은 강한 햇빛을 좋아하기 때문에 집 안에서 키울 경우 햇빛이 많이 드는 곳에서 약간 건조하게 키우는 것이 좋다. 야생에서 자라는 타임은 벌들이 좋아하여 타임꿀로도 유명하다. 신선한 잎이나 말린 상태에서 요리

세이지

타임

에 이용하며 숙면을 위해 베개 밑에 넣어두기도 한다. 강력한 항균제 성분인 티몰(thymol)이 들어 있어 구강 청결제, 비누, 여드름 치료 연고 등에도 사용된다. 말리면 향이 부드러워져 육류나 채소 등 거의 모든 식재료와 잘 어울리며 장시간 끓여도 향이 쉽게 사라지지 않아 월계수, 파슬리와 함께 부케가르니(수프 등에 향기를 더하기 위해 넣는 작은 다발)에 들어간다.

10월의 요리

허브오일 샐러드

재료

사과 1개, 고구마 1개, 옥수수 1/4개, 비트 1/4개, 소금, 허브오일, 레몬밤, 타임

1. 고구마, 옥수수, 비트는 찜기에 찐다.
2. 고구마와 비트는 먹기 좋게 자르고 옥수수는 알갱이를 뗀다.
3. 접시에 사과, 고구마, 비트, 옥수수 알갱이를 올리고 소금과 허브오일을 뿌린다.
4. 레몬밤과 타임을 올린다.

제철 식재료는 소금과 오일만 뿌려도 담백한 맛이 있습니다. 텃밭에서 자라는 레몬밤과 타임을 올려주니 사과나 고구마도 색다른 맛이 납니다.

아욱 토장국

재료

아욱 2줌, 된장 2 1/2큰술, 고추장 1/2큰술, 참기름 1큰술, 다시마 1장,
쌀뜨물 1리터, 다시마 1장, 표고버섯 3~4개, 표고버섯가루 2큰술, 굵은 소금

1 아욱은 질긴 껍질을 벗기고 굵은 소금을 뿌려 박박 치대고 나온 푸른 물은 버리고 찬물에 헹궈 건진다.
2 양념볼에 된장과 고추장을 먼저 섞은 후 참기름을 넣어 기름이 겉돌지 않도록 잘 섞어준다.
3 냄비에 쌀뜨물을 붓고 2를 체에 걸러 풀어준 후 다시마와 표고버섯을 넣어 끓인다.
4 끓기 시작하면 다시마를 건져내고 아욱을 넣는다.
5 표고버섯가루를 넣고 약불로 줄이고 마지막에 홍고추를 넣는다.
6 누르스름해질 때까지 충분히 끓여야 제맛이 난다.

아욱은 새우를 넣고 끓여도 맛있지만 표고버섯가루를 넣으면 비린내 없이 깊고 깔끔한 맛을 낼 수 있습니다.
양념이 겉돌면 밀가루를 물에 풀어 조금 넣어줍니다.

누카즈케

재료

쌀겨 1.5kg, 다시마 우린 물 1200ml, 소금 200g, 된장 5큰술, 고추씨 5큰술,

생강 2조각, 절임채소(노각, 가지, 오이, 무 등 여러 가지 채소)

1 다시마 우린 물에 분량의 소금을 넣고 식힌 후 면보에 한 번 걸러준다.

2 쌀겨에 소금물을 넣고 된장과 생강, 고추씨를 넣어준다. (고추씨 대신 산초를 넣기도 한다.)

3 노각은 씨앗을 긁어내어 수분을 제거한다.

4 수분을 제거한 야채가 쌀겨 밖으로 나오지 않도록 잘 덮어준다.

5 2~3일에 한 번씩 확인하여 부패되지 않도록 신경 써야 하며 야채에서 나온 수분으로 인해 묽어질 때는 쌀겨를 다시 보충한다.

6 2~3일 후에 절인 야채는 물로 깨끗이 헹군 후 수분을 제거하고 먹기 좋게 잘라준다.

채소를 쌀겨에 넣어 발효시키는 일본식 절임음식입니다. 유산균이 잘 생겨날 수 있도록 가능하면 매일 뒤집어주는 게 좋습니다. 용기는 가능하면 염분에 강한 도자기나 항아리를 사용하고 집을 오랫동안 비울 경우 냉장보관하는 것이 좋습니다.

근대 샐러드

재료

근대 2줌, 래디시 1개,

슬라이스 아몬드 1큰술, 마늘 2쪽,

올리브오일 3큰술, 레몬즙 1큰술,

소금, 후추 약간

1 근대를 깨끗이 씻어 끓는 물에 살짝 데친다.

2 소스볼에 다진 마늘, 올리브오일, 레몬즙, 소금, 후추를 섞는다.

3 데친 근대를 적당히 잘라 샐러드볼에 넣고 소스를 뿌린 후 슬라이스 아몬드와 채 썬 래디시를 올린다.

근대는 주로 국이나 나물로 먹지만 살짝 데쳐 마늘소스를 곁들여도 잘 어울립니다. 반찬으로도 먹지만 간단한 술안주로도 좋습니다.

11월

November

겨울을 날 준비를 하다

11월 guide

입동(立冬)은 11월 7일 전후이며, 겨울에 들어선다는 뜻이다. 절기로는 겨울로 막 들어섰지만 우리가 느끼는 계절은 아직 가을의 끝자락에 있는 듯하다. 단풍이 절정에 이르며 국화도 만개하니 이제 슬슬 겨울 채비를 할 시기이다. 눈이 오기 전에 무는 중간중간 채 썰어 햇볕에 말리고 텃밭에 아직 남아 있는 시금치, 루콜라, 쑥갓, 근대, 당근 등은 부지런히 거둬 먹는다. 토마토, 가지, 고추를 지지해두었던 지지대나 끈, 비닐멀칭 등도 정리하며 텃밭정리에 들어간다. 겨울준비에 분주해지는 건 사람만이 아니다. 동물들은 겨울잠을 잘 준비를 하고 나무들도 겨우내 얼어 죽지 않기 위해 잎을 떨구며 불필요한 수분을 줄여나간다.

소설(小雪)은 11월 22일 전후이며, 작은 눈, 즉 첫눈이 내린다는 뜻이다. "소설에는 빚을 내서라도 반드시 춥다"라는 말이 있을 정도로 겨울이 깊어지는 시기이다. 시리라도 내리면 계절은 음성의 성질이 더욱 강해지기에 텃밭채소들은 스스로 따뜻한 양성의 힘을 만들어 추위를 이겨 나간다. 6~7℃의 기온이 2주일 동안 지속되면 무와 배추, 갓, 쪽파 등은 맛이 응축되며 더욱 단맛을 내기 때문에 서울, 경기 지역에서는 보통 11월 말에서 12월 초 사이에 김장을 준비한다.

가장 늦게까지 텃밭에 남아 있는 가을근대는 된장국을 끓이면 달고 깊은 맛을 낸다. 근대와 함께 김장밭을 정리하며 한 해 텃밭농사를 마무리하게 된다. 몇 해 전 텃밭에서 키운 토란을 신문지에 싸두었다가 첫눈이 내리는 즈음 껍질째 구웠다. 포실포실한 속살이 얼마나 맛나던지……. 들깨국물을 자작자작하게 부어 뜨끈하게 끓인 들깨 토란탕은 이 계절 든든한 보양식이 되어준다. 연근이나 우엉, 돼지감자 등은 반찬으로도 좋지만 잘 말려 덖어두면 일년 내내 마실 수 있는 좋은 차 재료가 된다. 특히 연근차는 기침, 가래에 좋아 가정 상비약으로 손색이 없으니 이 시기에 넉넉히 준비해 덖어서 차로 만들어둔다.

· 덖다 : 물기가 남아 있는 식재료를 기름이나 물을 더하지 않고 볶아서 익힘.

11월

· 텃밭 먹거리 ·

무, 배추, 쪽파, 파, 생강, 부추, 양배추, 시금치, 당근, 근대

· 정식 : 양파

국물 요리에서 묵나물, 김치까지
만능 식재료, 무

○
○
○

음양오행(陰陽五行)에서 금(金)은 거두어 들이고 마무리하는 역할을 한다. 계절로는 가을, 시간은 저녁, 일생으로는 중년에 해당하며, 대표하는 장부는 폐와 대장이다. 금의 기운을 가지고 있는 식재료는 무, 배추, 더덕, 도라지, 달래, 파, 마늘, 양파, 생강, 겨자, 연근, 콜리플라워, 배 등이 있다. 대부분 흰색을 띠며 소화에 도움이 되고, 기관지를 좋게 하는 효능을 지니고 있으며 매운맛, 좀 더 정확하게 표현하자면 '화한 맛'을 지니고 있다.

금의 기운을 가지고 있는 식재료 중 무, 더덕, 도라지, 생강, 연근 등은 뿌리채소다. 이들 뿌리채소들은 기운이 아래로 내려가는 특징이 있기 때문에 우리 몸의 하체를 튼튼하게 하며, 정체되어 있는 기운을 흩어주는 효과가 있다. 그 예로 연탄가스에 중독되었을 때 동치미 국물을 마시게 하여 일산화탄소로 막혀 있는 기운을 아래로 흩어주거나, 소화가 안 될 때 무를 갈아 즙을 내어 마시면 막힌 속이 시원하게 뻥 뚫리게 되는 것을 볼 수 있다. 이렇듯 음양오행은 음식에 들어 있는 성분이 아니라 가지고 있는 에너지(Energy) 또는 기(氣)로 식재료를 해석한다.

무, 배추는 가을농사라고 하지만 일년 중 무더위가 가장 기승을 부리는 8월에 시작된다. 여름농사로 인해 영양분이 빠진 흙은 8월 초 거름을 주고 밭을 뒤집어 가을농사를 준비한다. 거름을 주고 나서 일주일 정도 지나 무씨앗을 넣는데 무와 당근 같은 뿌리채소는 직접 씨앗을 뿌리고 옮겨 심지 않아야 크고 가지런하게 자란다. 흙이 딱딱하면 뿌리를 잘 내리지 못하기 때문에 흙을 부드럽게

해주고 잔돌도 어느 정도 골라주는 것이 좋다. 포기 간격은 40~50cm 정도가 적당하고 8월 중순 정도에 심으면 11월 초에서 중순 사이에 수확할 수 있다. 파종 후 한 달간은 성장이 빨라지는 시기로 가물지 않도록 수분관리를 해주는 것이 중요하며 수확기에는 수분이 많아지면 표면이 갈라지고 저장성도 떨어지기 때문에 인위적으로 물을 주지 않는 것이 좋다.

무는 윗부분이 땅 위로 올라오며 무청처럼 푸른색을 띠게 되는데 이 부분은 단맛이 나기 때문에 나물, 전으로 이용하기 좋고, 흰색을 띠는 아랫부분은 시원한 맛을 내는 국, 탕, 조림에 활용하면 좋다. 무, 배추가 없다면 기나긴 겨울 동안 뭘 먹으며 보낼까? 지금이야 겨울이라고 해서 먹을 것이 부족한 시대는 아니지만 텃밭에 푸성귀 한 쪽 남아 있지 않은 시기에 무와 배추는 든든한 겨울식량이 된다. 서늘한 기후를 좋아하는 무, 배추는 여름에 먹으면 수분이 적고 단맛이 덜하지만 추위가 시작되면서는 단맛이 강해지며 수분이 들어 아삭아삭해진다. 뜨끈한 국물 요리가 간절해지는 날씨에 무처럼 시원한 맛을 내는 식재료가 또 있을까?

무국 외에도 어묵탕이나 황태탕, 탕국 등에 무는 빠질 수 없는 재료이고 갈치나 고등어, 가자미 같은 생선조림을 할 때도 무를 큼지막하게 썰어 바닥에 깔고 생선을 올려 조려내면 생선보다 달짝지근하면서도 살캉하게 씹히는 조린 무에 제일 먼저 손이 간다. 사이다처럼 톡~ 쏘는 동치미는 또 어떤가? 어릴 때 강화에 사는 이모집에 놀러간 적이 있다. 이모는 마당에 있는 항아리에서 동치미 한 사발을 떠다가 구운 고구마와 함께 내어주셨는데 따끈한 아랫목에서 군고구마와 함께 먹은 동치미 국물은 어린 나의 입맛에도 과히 환상의 궁합이었다. 동치미는 식초를 넣어 양념을 하는 여름냉국과는 차원이 다른 깊고 깔끔한 맛이 있다. 겨울철과 같이 활동량이 줄어 신진대사도 느려지는 시기에 동치미에 있는 풍부한 유산균은 소화 흡수가 잘 되도록 도와주는 천연소화제 역할을 하며 내장에 쌓인 지방을 분해하는 효소도 들어 있어 다이어트에도 도움이 된다.

고향인 제주에서는 잔치(결혼식) 때 빙떡을 나누어 먹는 풍습이 있다. 돼지기름을 이용해 메밀전을 부치고 무를 살짝 데쳐 돌돌 말아먹는 빙떡은 처음엔 별 맛이 없는 듯하지만 먹고 나면 속이 편하고 담백한 맛에 자꾸만 생각나는 음식이다. 꾸밈없고 소박한 제주 사람들의 성격이 묻어나는 음식인 것 같다.

무는 추위가 오기 전에 손가락만 하게 숭덩숭덩 썰어 햇볕에 말려두면 좋은데 갑자기 추워진 날씨에 얼지 않도록 주의해야 한다. 요즘은 가정에 건조기가 있는 집들이 많아 건조기를 이용해도 되지만 햇볕과 바람이 드는 곳에서 말린 무말랭이와는 색감이나 식감이 확실히 다르다. 제주에서 엄마가 보내주신 무말랭이는 연한 갈색이 도는 것이 집에서 건조기로 말린 것과는 색깔부터 달랐다. 한번은 무말랭이를 차로 마셔 보았더니 그 맛이 하도 구수해서 요즘은 국물멸치 대신 맛국물을 낼 때 자주 이용한다. 무말랭이 한 줌에 깊은 맛을 더해줄 둥굴레 2쪽, 말린 표고버섯 3~4개, 다시마를 우표크기로 2장을 넣어 끓이면 깔끔한 맛국물이 된다. 얇게 썰어 말린 무말랭이는 멸치 볶듯이 기름에 볶아내거나

말린 해초와 함께 살짝 불린 후 가볍게 무쳐놓으면 겨울철 부족한 미네랄을 함께 섭취할 수 있는 무말랭이 샐러드가 된다.

무는 생으로도 먹지만 무청은 말린 후 묵나물로 주로 먹는다. 무청에는 철분이 많을 뿐 아니라 식이섬유, 미네랄, 칼슘 등이 풍부하며, 햇빛에 말리면 겨울철 부족해지기 쉬운 비타민 D도 보충할 수 있다. 무청을 말릴 때는 주의할 점이 있는데, 햇빛에 말리지 말고 살짝 데친 후 그늘진 곳에 말리는 것이 좋다. 그늘에서 바람을 맞으며 잘 말린 무청은 잎도 파르스름하니 색이 곱지만 햇빛에 말린 무청은 잎이 누렇게 뜨며 쉽게 바스라져 버린다.

잘 말린 무청은 먼저 흐르는 물에 헹궈 먼지를 제거한 후 쌀뜨물에 불려두었다가 불린 물에 30분에서 1시간 정도 삶아준다. 바로 건지지 않고 3~4시간 더 불린 후 헹궈주면 질기지 않은 무청 시래기를 먹을 수 있다. 좀 더 부드럽게 먹고 싶다면 껍질을 살짝 벗겨 요리하면 된다. 무청 시래기는 나물로도 맛있지만 국간장에 조물조물 무쳐 밥을 안쳐도 참 맛있는 시래기밥이 된다. 된장 한 숟가락을 넣어 푹 익혀내는 시래기된장 지짐이는 그 구수한 맛이 겨울철 밥도둑이 따로 없다.

겨울을 책임지는 든든한 채소,
배추

○
○
○

배추는 씨앗을 뿌린 후 솎아주기를 하며 키울 수도 있지만 무에 비해 벌레 피해가 심하고 늦게 씨를 뿌릴 경우 채 자라지 못하고 거두어야 하기 때문에 대량 생산이 아닌 작은 텃밭에서는 모종으로 심는 것이 좋다. 포기 간격은 40~50cm 정도가 적당하고 8월 중순 정도에 모종으로 심으면 11월 초에서 중순 사이에 수확할 수 있다. 지난해 2주 정도 늦게 심은 배추는 속이 꽉 찬 결구배추까지 기다리지 못하고 때 이른 눈소식에 거두게 되었다. 봄에는 일주일 정도 늦게 심어도 큰 차이가 없지만 가을에는 일주일 차이가 큰 변수가 된다.

파종 후 한 달간은 성장이 빨라지는 시기이기 때문에 가물지 않도록 수분 관리를 해주는 것이 중요하며 수확기에는 인위적으로 물을 주지 않는 것이 좋다. 무에 비해 벌레가 많이 꼬이는 배추는 화학비료와 농약을 치지 않고 키우기가 어려운 작물이다. 성장기에 천연퇴비로 웃거름을 주고 벌레도 보이는 대로 잡아주며 목초액을 물에 희석해서 뿌려주는 것으로 관리해주었지만 유독 우리 밭 배추는 크게 자라지 못했다. 주변 밭에서 새파랗게 속이 꽉 찬 배추를 볼 때면 솔직히 '화학비료를 좀 줄 걸 그랬나?' 하는 생각이 든 적도 있었지만 어느 해인가 수확한 속이 덜 찬 배추로 쌈도 싸 먹고 살짝 데친 후 된장에 조물조물 무쳐 배추된장국을 끓였더니 어찌나 달고 고소하던지……. 그 후로는 화학비료와 살충제, 살균제 같은 화학농약에 대한 미련은 갖지 않게 되었다.

날씨가 추워지면 배추를 묶어줘야 하는데 이는 결구(배춧잎이 여러 겹으로 겹쳐져서 동글게 속이 드는 일)를 시키기 위한 것이 아니라 갑자기 내려간 기온에 얼

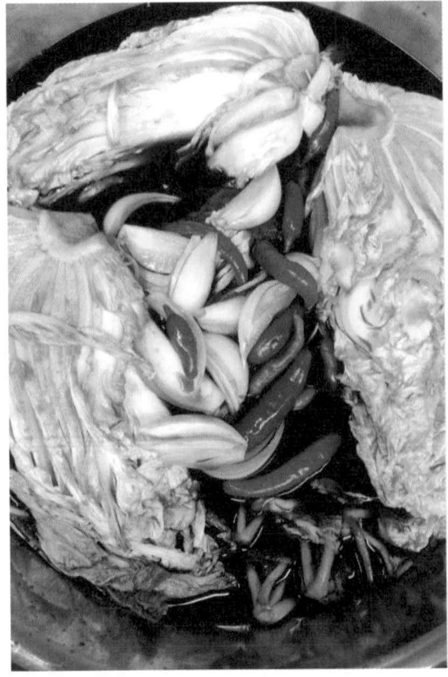

지 않도록 하기 위한 것이다. 따라서 기온이 높은 상태에서 배추를 묶어주면 오히려 배추 속이 물러져 상할 수 있다.

11월에 무, 배추의 수확으로 주말농장 일년 농사는 마무리가 된다. 마늘, 양파, 밀, 보리 같은 겨울 작물도 키워보고 싶었지만 아쉽게도 주말농장은 이제 다음해 봄을 기다려야 한다. 수확한 무와 배추는 신문지로 싸서 박스에 넣어 서늘한 베란다에 저장하거나 배추는 데쳐서 우거지를 만들어 냉동실에 넣어두었다가 부드럽고 시원한 국물맛을 내는 데 쓰면 좋다. 여름 잎채소와는 다르게 고소하면서도 단맛을 내는 가을배추는 쌈이나 찜을 해도 맛있지만 한국식 샐러드 소스인 고춧가루 양념에 무쳐 겉절이를 해놓으면 매콤하면서도 아삭한 맛에 자꾸만 먹게 된다.

경상도 향토음식으로 배추전이 있다. 시집이 경상도인 나는 결혼하고 나서 배추전을 처음 맛보았다. 명절전을 부치고 남은 반죽으로 어머니께서 배추전을 부쳐주셨다. 별로 손 갈 것도 딱히 들어가는 것도 없는 배추전은 배추가 이렇게 달았나 싶을 정도로 맛있었다. 기름이 많이 들어가는 음식을 별로 좋아하진 않지만 가끔 배추전은 먹고 싶어질 때가 있다.

11월의 요리

토란 들깨탕

재료

토란 8개, 삶은 토란대 1줌, 두부 1모(소금 약간, 현미유 약간), 표고버섯 3개,

다시마 표고국물 500ml, 통들깨 1컵, 물 2컵, 국간장 2큰술

1 토란은 흐르는 물에 흙을 씻어낸 후 끓는 물에 10분 정도 삶아 찬물에 헹궈 주면 껍질이 쉽게 벗겨진다.
2 두부는 소금을 뿌려 물기를 제거하고 기름을 두른 팬에 약불로 구워낸다.
3 삶은 토란대는 국간장으로 밑간을 한다.
4 구운 두부는 식힌 후 먹기 좋게 썰고 표고버섯도 썰어준다.
5 다시마 표고국물이 끓으면 삶은 토란, 삶은 토란대, 구운 두부를 넣고 한소끔 끓여준다.
6 통들깨 1컵에 물 2컵을 넣어 갈아서 넣어준 후 국간장으로 간을 한다.

토란은 주로 소고기와 함께 끓여 추석 때 먹는 음식으로 알려져 있습니다. 위와 장의 활동을 원활하게 해서 소화에 도움을 주기 때문이지요. 소고기 대신 두부를 구워 쫄깃한 식감을 주니 맛도 좋거니와 소화도 더욱 잘되네요. 여기에 오메가 3가 풍부한 통들깨를 넣어주니 고소한 맛을 내는 토란 들깨탕이 되었습니다. 저는 통깨를 갈아 껍질째 먹는 것을 좋아하는데 꺼끌거리는 식감이 싫다면 체에 한 번 걸러줍니다.

백김치

재료

배추 2포기, 굵은 소금 2컵(절임용)

속재료

무 1/2개, 배 1/2개, 쪽파 1줌, 미나리 1줌, 마늘 3쪽, 생강 1쪽, 파프리카(붉은색 1/2개, 노란색 1/2개), 고추씨 1큰술, 실고추 약간, 다시마 표고국물 500ml, 생수 2리터, 새우젓 6큰술, 소금 4큰술

1 배추는 시든 잎은 떼어내고 통이 큰 것은 4등분하고 작은 것은 반으로 잘라 소금물에 담갔다가 줄기 쪽에 소금을 약간씩 뿌려서 5시간 정도 고루 절인다.
2 절인 배추는 헹군 다음 소쿠리에 엎어 물기를 뺀다.
3 무와 배는 길게 채 썰고, 쪽파, 미나리, 파프리카도 4cm 길이로 소금 2큰술을 넣고 버무린다.
4 마늘과 생강은 편으로 썰어 고추씨와 함께 삼베주머니에 넣는다.
5 다시마 표고국물에 새우젓과 소금으로 간을 하고 체에 한 번 걸러준다.
6 절인 양념에 실고추를 넣고 절인 배춧잎 사이사이에 넣어 겉잎으로 잘 싼다.
7 속을 넣은 부분이 위로 가도록 하여 항아리에 담고 꼭꼭 눌러준 다음 삼베주머니를 넣고 맛국물과 생수를 배추가 잠기도록 넉넉하게 붓는다.
8 입맛에 맞게 소금을 넣어 간을 한다.

겨울이면 빠지지 않고 만드는 백김치입니다. 홍고추 대신 파프리카를 넣으면 매운 음식을 잘 먹지 못하는 아이들도 좋아하고 파프리카의 단맛 때문에 설탕을 따로 넣지 않아도 담백한 맛이 납니다. 마늘과 생강을 다져서 넣게 되면 국물이 탁해질 수 있는데, 고추씨와 함께 삼베주머니에 넣어주는 것이 깔끔한 국물맛을 내는 비법입니다.

무말랭이 해초 샐러드

재료

무말랭이 1줌, 해초 모듬 2줌, 매실 발효액 2큰술, 현미식초 2큰술, 참기름 1큰술, 깨소금 1/2큰술

1 말린 무와 해초는 흐르는 물에 살짝 헹군 후 10분 정도 수분을 흡수하도록 둔다.
2 소스볼에 매실 발효액, 현미식초, 참기름, 깨소금을 넣고 섞는다.
3 불린 무와 해초를 소스볼에 넣어 섞는다.

간단하게 먹을 수 있는 겨울 샐러드입니다. 말린 무는 겨울철 부족해지기 쉬운 비타민 D를 보충할 수 있고 해초는 우리 몸에 꼭 필요한 미네랄을 보충할 수 있습니다. 불릴 때 물에 너무 오랫동안 담가두면 영양이 빠질 수 있으니 헹군 물로 살짝 불려 오도독거리는 식감이 나도록 합니다.

빙떡

재료

무 1/2개, 대파 1/2개, 다시마 1쪽,
들기름 1큰술, 소금 1/2큰술, 통깨 1큰술,
현미유, 메밀반죽(메밀가루 70g,
통밀가루 30g, 물 1 1/3컵,
들기름 1큰술, 소금 1/2큰술)

1 무는 굵게 채 썰어 준비한다.
2 냄비에 물 1컵과 다시마 한 쪽을 넣고 끓이다가 채 썬 무를 넣어 익힌다.
3 무가 살캉하게 익으면 체에 받쳐 물기를 제거하고, 들기름, 채 썬 대파, 소금, 통깨를 넣어 조물조물 무친다.
4 메밀반죽은 멍울이 생기지 않도록 잘 저어준 후 팬에 기름을 두르고 동그랗고 얇게 전병을 부친다.
5 부쳐낸 메밀 전병 위에 양념한 무를 올리고 돌돌 말아준다.

제주도 향토음식인 빙떡입니다. 메밀은 습기와 열기를 없애주는 효능이 있습니다. 전병을 부칠 때는 얇게 부쳐야 속이 살짝 비치면서 고소한 맛을 내는 전병을 만들 수 있습니다.

12월

December

휴식과 기다림의 시간

12월 guide

대설(大雪)은 12월 7일 전후이며, 비로소 농한기, 즉 흙이 쉬는 휴식기에 들어선다. 오이, 가지, 토마토 같은 수분이 많은 여름채소는 손이 잘 가지 않으니 뭘 먹어야 하나 궁리하게 된다. 추운 날씨에 몸은 자꾸만 움츠러드니 간단하고 쉽게 먹을 수 있는 인스턴트 음식에 대한 유혹도 생기게 된다. 하지만 인스턴트 음식은 그 안에 들어 있는 첨가물이 걱정도 되거니와 자연이 주는 순수한 맛을 알게 되면서부터는 자극적으로 느껴져 자연스레 멀리하게 된다. 이럴 땐 여러 가지 반찬을 준비하기보다는 한두 가지 반찬으로 간소하게 준비하거나 한 그릇 요리로 상을 준비해본다.

겨울철 제철채소로는 봄부터 가을까지 말려놓은 묵나물이 있다. 햇빛에 말린 묵나물은 영양소가 응축되고 수분이 적어 몸을 따뜻하게 하기 때문에 겨울에 잘 맞는 식재료다. 겨울철엔 움직임이 적고 신신대사가 느려져서 소화시간이 오래 걸리는 육고기나 인스턴트 음식보다는 식이섬유와 비타민 D가 풍부한 묵나물을 활용해보는 것도 좋다. 간간이 말려둔 호박이나 가지, 버섯, 무말랭이가 있다면 추운 날씨에 장을 보러 나가야 하는 번거로움도 줄일 수 있다.

동지(冬至)는 12월 22일 즈음이며, 일년 중 밤이 가장 긴 날이다. 밤이 깊어지면 새날이 가까워지듯이 극에 달한 음기는 서서히 양기로 넘어간다. 해의 길이가 중요한 농경문화에서는 해의 길이가 점점 짧아졌다가 다시 길어지는 동지를 일컬어 '해의 생일'이라 부르며 특별히 여겼다.

우리나라에서는 동짓날 팥죽을 먹는 풍습이 전해 내려오고 있는데, 붉은색을 띠는 팥은 부정한 기운을 막아준다는 믿음도 있지만 양의 기운이 가득한 붉은색으로 겨울의 차가운 음의 기운을 밀어낼 수 있을 것이라는 기대도 담겨 있는 듯하다.

자연의 시간과 음양오행

○
○
○

겨울은 음양오행(陰陽五行)에서 수(水)의 기운에 해당하며 하루 중에는 밤 시간, 일생으로는 노년의 시간에 비유한다. 휴식, 저장, 응집의 시간으로 많은 활동을 하기보다는 평온하고 고요하게 자신을 돌아보기에 좋은 시간이다.

수의 기운에 해당하는 다시마, 김, 미역, 파래 같은 각종 해조류와 검정콩, 표고버섯 같은 식재료들은 노폐물을 배설하고 체내 항상성을 유지하는 기능을 하는 '신장'과 '방광'에 영향을 주게 된다. 겨울에는 바다의 채소라 불리는 해조류를 많이 먹게 되는데 이런 해조류들도 대부분 수의 기운에 해당하는 검은색을 띠며 짠맛의 성질을 가지고 있다. 이렇듯 음양오행은 각 계절에 나오는 제철 식재료들이 어떤 성질을 가지고 있으며 우리 몸에 어떻게 영향을 주는지에 대해 좀 더 깊게 이해할 수 있게 한다.

봄에는 파릇파릇 새싹들이 올라오며 생명이 시작되고 여름에는 그 기운이 확산되어 모든 과일과 채소를 자라게 한다. 가을에는 열매를 맺고 익어가며 거두어들일 준비를 하고, 겨울은 다음 생을 준비하는 휴식과 기다림의 시간으로 보내게 된다. 이런 순환과정은 목(木), 화(火), 토(土), 금(金), 수(水)의 움직임으로 인간을 포함한 모든 생명들이 만들어지고 변화하며 소멸되는 과정을 담고 있다.

사람도 자연의 일부로 유년기, 청소년기, 청년기를 거쳐 중년기, 노년기를 맞게 된다. 누구에게나 공평하게 주어지는 이 시간을 어떻게 사용해야 하는지 또 한 번의 봄을 맞이하며 생각해보게 된다.

음식으로 마음의 상태를 읽다

하타 요가 지도자 과정을 공부하며 '아유르베다 식이요법(Ayurvedic Diet)'에 대해 관심을 갖게 되었다. 아유르베다란 고대 인도의 전통의학으로 아유르(Ayur)는 '삶'을 뜻하고 베다(Veda)란 '지식'을 의미하는 산스크리트어이다.

아유르베다에서는 음식의 에너지를 세 가지 성질로 구분한다.

의식에 긍정적인 영향을 주며 마음의 안정을 주는 순수한 음식을 '사트빅(Sattvic) 음식'이라 하며 신선한 과일, 채소, 통곡물, 콩, 견과류, 적절한 허브 등이 여기에 해당한다. 수행을 하는 요기나 명상가들에게 잘 맞는 음식이다.

라자식(Rajasic) 음식은 몸과 마음에 자극을 주는 음식으로 맵고 짠 음식, 오신채(파, 마늘, 부추, 양파, 홍거) 같은 강한 향신채가 들어가는 음식을 말한다. 대개 사람들은 스트레스가 쌓이게 되면 자극적인 음식을 찾게 되고 이런 음식을 섭취하고 나면 스트레스 반응이 다소 줄어 행복감을 느낀다고 말한다. 하지만 스트레스 감소의 대가로 체중이 증가하게 되며 식욕중추뿐만 아니라 여러 호르몬의 불균형을 일으켜 다양한 질병을 얻게 되는 것을 감수해야 한다. 카페인이나 약물, 알코올 등도 여기에 해당한다.

타마식(Tamasic) 음식은 어두운 상태를 말하는데, 육류나 생선, 가금류, 알류, 가공식품, 튀긴 음식, 통조림 그리고 오랫동안 절여놓았거나 여러 번 조리한 음식이 여기에 해당한다. 타마식 음식은 배설하는 데 너무 많은 시간과 에너지가 소비되기 때문에 몸은 늘 무겁고 정신은 탁해지게 되며, 무기력해지고 화를 자주 내게 되는 거친 에너지를 만든다. 심하게 발효시킨 음식이나, 탄 음식, 첨가물이 많이 들어간 인스턴트 음식도 여기에 해당한다. 인스턴트 음식에는 기본적으로 보존료와 다양한 첨가물이 들어간다. 이들은 소화과정에서 대량의 미네랄을 소비하게 되는데 그 대표적인 것이 아연이다. 아연이 부족하면 미각 기능에 이상이 생겨 간이 싱겁게 느껴지고 단맛이나 새콤한 맛을 느끼지 못하기 때문에 더 자극적인 맛을 찾게 된다.

지금 생각해보니 항상 몸이 무겁고 우울했던 시기에 먹었던 음식들은 배고픔이나 스트레스를 해소하기 위한 타마식 음식이거나 자극적인 라자식 음식이었다. 요즘은 직접 키운 생명력이 가득한 채소를 기본으로 하는 맑고 소화하기 편안한 음식을 먹으면서 내 몸과 마음은 예전과는 비교가 안 될 정도로 가볍고 여유 있어졌다. 우리가 먹은 음식은 에너지원으로 쓰여 우리 몸을 움직이게 할 뿐만 아니라 정신이나 감정에도 많은 영향을 주기 때문에 삶을 행복하게 만드는 데 있어 우리가 먹는 음식은 무엇보다 중요하다 할 수 있다.

소박하고 자연스럽게,
몸과 마음을 돌보는 힐링푸드

○
○
○

2017년 인도 북부 라자스탄(Rajasthan) 주에 있는 '국제명상센터' 프로그램에 참가한 적이 있다. IPIP(INNER PEACE INNER POWER)라는 프로그램의 슬로건은 '내면의 파워를 키워 내면의 평화를 유지하라'라는 뜻을 담고 있다. 이 프로그램은 일년에 한 번 진행되며 중동과 아시아 지역의 라자 요가(Raja Yoga)를 공부하는 사람들의 모임이다. 라자(Raja)는 왕, 통치자, 지배자라는 뜻으로 인간이 가지고 있는 감각기관이나 마음을 지배하는 왕, 통치자를 의미한다. 자신의 마음을 들여다보고 마음의 주인이 되는 일. 복잡한 시대를 살아가는 현대인들에게 중요한 일인 듯하다.

프로그램 중 대부분의 시간은 침묵을 유지하며 내면을 돌아보는 데 초점이 맞춰졌다. 열흘 정도의 일정 동안 프로그램 참여와 명상 시간도 좋았지만 가장 기억에 남는 건 그곳의 음식이었다. 오랫동안 라자 요가를 공부한 요기(수행자)들이 주방에서 자원봉사를 하고 있었다. 고기와 생선은 물론 오신채가 들어가지 않은 음식으로 일주일을 보냈다. 음식은 자극적이거나 화려하지 않았고 소박하지만 기품이 있었다. 제사보다 잿밥이라 했던가? 새로운 음식을 먹어보는 걸 좋아하기 때문이기도 했지만 그곳의 음식을 먹으면 왠지 내 몸에 편안한 에너지가 흐르는 것 같아 식사 시간이 너무나 기다려졌다.

요리를 하다 보면 그날의 컨디션이나 기분에 따라 음식이 달라지는 것을 자주 느낀다. 분명 같은 식재료와 양념으로 수십 번 해봤던 요리인데도 부부싸움 끝에 억지로 만든 요리와 기분이 좋을 때 만든 요리는 보여지는 결과물도 다르

다. 에너지가 충만할 때는 요리에 집중할 수 있기 때문에 불의 세기나 재료를 넣는 타이밍, 양념의 순서나 양을 민첩하게 파악할 수 있지만 마음이 딴 곳에 있을 때는 복잡한 머릿속마냥 정리되는 않은 음식이 되어버린다. 간혹 사진을 찍기 위해 요리를 준비할 때가 있다. 좀 더 먹음직스럽게 보이기 위해 하지 않아도 될 장식을 하고 좀 더 나은 사진을 찍기 위해 정작 식구들은 카메라 밖에서 숟가락을 들고 기다리게 된다. 이렇게 애를 쓴 음식을 먹을 때면 왠지 먹기도 전에 지치게 된다. 마치 식당 앞 쇼윈도에 내놓은 음식마냥 화려해 보이지만 뭔가가 빠져 있는 기분이 들곤 한다.

우리는 남들에게 보여지는 것을 위해 많은 시간과 에너지를 사용하고 있는 건 아닐까? 예쁘게 보이기 위해 화장, 헤어, 의상에 시간과 돈을 투자하고 좀 더 좋은 차와 집을 사기 위해 열심히 일을 한다. 의식을 하든 하지 못하든 끊임없이 남들과의 비교 속에서 기쁨과 좌절을 맛보며 살아가는데 그 모습은 마치 공중에 붕 떠올랐다가 곧 아래로 곤두박질치는 시소를 타고 있는 듯하다. 라자 요가를 공부하면서 나는 나의 내면을 바라보는 연습을 하게 되었다. 순간순간 널을 뛰는 내 마음을 차분히 가라앉히고 내게 정말 중요한 것이 무엇인가를 생각해 보게 된다.

12월의 요리

무청 시래기 카레덮밥

재료

현미밥 3공기, 불린 무청 시래기 1줌, 우엉 1개, 국간장 1큰술, 현미유 1큰술, 들기름 1큰술, 카레가루 4큰술, 된장 1큰술, 다시마 표고국물 3컵, 홍고추 1개, 통깨 약간

1 다시마 표고국물 3컵에 카레가루와 된장을 넣어 풀어준다.
2 우엉은 굵게 채 썰고, 불린 무청 시래기는 우엉 길이의 반 정도로 잘라 현미유와 들기름에 볶아준 후 간장으로 간을 한다.
3 우엉이 반 정도 익으면 1번을 넣고 끓여준다.
4 국물이 걸쭉해지면 홍고추를 넣는다. 현미밥 위에 얹고 통깨를 뿌린다.

아이들이 좋아하는 카레를 넣어주니 무청 시래기 특유의 냄새가 없어져 인기 만점입니다. 불려놓은 무청 시래기만 있다면 쉽고 간단하게 먹을 수 있는 제철 한 그릇 요리입니다.

| 무청 시래기 삶는 법 |

1. 잘 말린 무청은 먼저 흐르는 물에 헹궈 먼지를 제거한 후 쌀뜨물에 불린다.
2. 불린 쌀뜨물을 버리지 않고 30분에서 1시간 정도 삶아준다.
3. 바로 건지지 않고 3~4시간 더 불린 후 헹궈주면 질기지 않은 무청 시래기를 먹을 수 있다. 좀 더 부드럽게 먹고 싶다면 껍질을 살짝 벗겨서 요리한다.

된장소스 채소찜

재료

단호박, 무, 연근, 콜리플라워, 브로콜리, 당근 등 제철채소,

된장소스(호박씨 70g, 된장 30g, 다시마 표고맛물 1/2컵)

1 호박씨는 기름을 두르지 않은 팬에 노르스름하게 볶는다.

2 절구에 볶은 호박씨를 넣어 빻고 된장과 다시마 표고맛물을 넣어 된장소스를 만든다.

3 냄비에 물을 붓고 끓어오르면 손질한 채소를 찜기에 올려 찐다. (연근, 단호박, 당근은 7~8분 정도, 무, 브로콜리, 콜리플라워는 5분 정도 찐다.)

4 찐 채소를 꺼내어 식힌 후 그릇에 담고 된장소스를 곁들인다.

채소는 뜨거운 물에 살짝 쪄내면 고유의 맛을 잘 느낄 수 있습니다. 채소만 먹기에 좀 심심하다 싶을 때는 호박씨를 넣은 마크로비오틱 된장소스를 곁들여보세요. 불포화 지방산이 풍부하게 들어 있어 피로회복에도 좋고 된장의 짠맛을 줄여 고소하게 즐길 수 있습니다.

무, 콜리플라워 수프

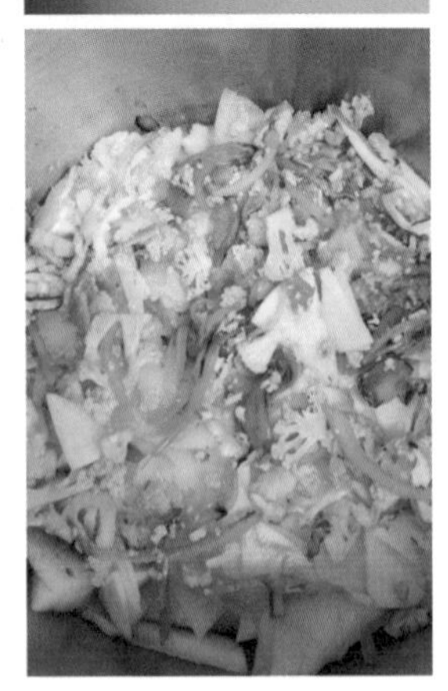

재료

무 1/2개, 콜리플라워 2/3개, 양파 1개, 두유 300ml,

소금 1/2작은술, 올리브오일, 후추 약간, 새싹완두(생략 가능)

1 양파는 굵게 채 썰고, 콜리플라워와 무는 얇게 썰어준다.
2 마른 팬에 기름을 두르지 않고 양파를 볶아준다. 타지 않도록 물을 조금씩 넣어가며 볶는다.
3 양파가 갈색으로 볶아지면 썰어놓은 무와 콜리플라워를 차례로 올린다.
4 뚜껑을 덮고 불을 최대한 줄여 30분간 익힌다.
5 뚜껑을 열고 냄비 가장자리로 두유를 부어준 후 30분간 끓인다.
6 채소가 푹 익었으면 블렌더로 갈아준 후 소금을 넣고 살짝 데친다.
7 수프볼에 담고 올리브오일과 후추를 뿌린 후 새싹완두를 올린다.

음양오행 중 금(金)의 에너지가 가득 담긴 수프입니다.

무, 양파, 콜리플라워 모두 흰색을 띠며 매운맛을 내지만 열을 가하면 단맛이 나는 특징이 있습니다. 겨울철 기침, 가래 개선에 도움을 주며 몸을 따뜻하게 할 수 있는 힐링푸드입니다.

1월

January

새로운 봄을 준비하며

1월 guide

소한(小寒)은 1월 5일 전후이며, 작은 추위라는 뜻이다. 실제 절기상으로는 대한이 가장 추워야 하지만 우리나라에서는 소한 지나 양력으로 1월 중순 무렵이 가장 춥다. 그래서 "대한이 소한집에 가서 얼어 죽는다"라는 말이 나온다. 매서운 추위가 극에 달하지만 그 안에는 입춘(立春)이 조금씩 기를 펴고 있다는 것을 알기에 몸을 사리고 기다려야 하는 시기이다. 동물들은 다음 계절을 살기 위해 혼자만의 공간에서 깊은 잠에 들어가고, 나무도 겨울을 나기 위해선 나뭇잎들을 주저없이 떨구어야 자기가 산다는 것을 알고 있는 듯하다.

기나긴 겨울이 지나야 나무테가 하나씩 생기듯 이 시기를 잘 지내야 비로소 한 살을 먹게 된다는 것을 알게 되니 허투루 보낼 수 없는 시간이다. 활동량이 많지 않기에 소화가 편한 따뜻한 음식들로 몸을 보하고, 몸과 마음을 재충전하는 시기로 삼으면 좋을 듯하다.

대한(大寒)은 1월 20일 전후이며 24절기 중 마지막 24번째 절기이다. 큰 추위라는 뜻이지만 "춥지 않은 소한 없고 포근하지 않은 대한 없다"라는 속담처럼 소한보다 오히려 덜 춥다. 고향인 제주에서는 대한 후 5일에서 입춘 전 3일 사이 일주일을 신구간(新舊間)이라 한다. 이 기간은 집안을 지키는 신들이 옥황상제가 있는 하늘로 올라가 자리를 비운 기간이기 때문에 이사나 집수리 등을 비롯한 평소 금기되었던 일들을 하더라도 아무런 탈이 없다고 믿었다. 제주에서는 아직도 이런 풍속이 이어져 1월 말이 되면 이사하는 모습을 흔히 볼 수 있는데 아직 추위가 가시지 않은 이 시기에 집 안팎을 정리하는 건 입춘을 맞기 전 새해를 맞을 준비를 하자는 의미는 아닐까?

동짓날 팥죽을 먹으며 액운을 쫓고, 입춘을 맞아 입춘첩을 붙이며, 신구간이라는 풍속이 아직도 남아 있는 것 등을 보면 절기는 농경문화에서 중요한 해의 길이를 알게 하는 것뿐만 아니라 우리 삶 속 깊숙이 문화로 자리잡고 있는 듯하다.

"추위도 소중한 조미료 중의 하나다"

○
○
○

마음이 헛헛해지는 날이면 습관처럼 찾게 되는 영화가 있다.

영화는 일본 토후쿠 지방의 작은 마을 코모리에서 살고 있는 이치코의 이야기다. 그녀는 가족도 없이 어릴 적 엄마와 함께 살던 시골집에서 혼자 지낸다. 작은 상점 하나 없는 이 마을은 슈퍼나 가게를 가려 해도 자전거를 타고 30분은 가야 하는 외딴 곳이다. 잠깐 도시에 살다가 다시 돌아온 이치코는 직접 풀을 뽑아가며 논농사를 짓고 예초기를 이용하는 등 유기농 친환경 농사를 짓는다. 그리고 직접 키운 식재료와 주변에서 나는 제철재료들을 이용하여 요리를 한다.

봄이 되면 산나물과 두릅순을 따고 우리 주위에서도 흔히 볼 수 있는 달래나 쇠뜨기, 머위 등을 이용하여 특별한 요리를 한다. 여름이면 높은 습도로 인해 집안 여기저기 생긴 곰팡이를 제거하기 위해 스토브를 켜고 거기에 호밀 빵을 구워낸다. 산수유가 열리면 잼을 만들고 직접 키운 토마토로 홀토마토 스파게티를 만든다. 가을에는 밤조림을 하고 겨울에는 그 지방 전통음식인 낫토 모찌떡을 해서 먹는다. 이치코는 불편함을 감수하면서도 먹고 사는 일이 전부인 듯 살아간다. 사실 누군가에게 음식을 해주거나 돈을 벌기 위한 것이 아니라 오직 자기 자신을 위해서 이렇게 정성스레 요리를 준비하는 사람은 많지 않을 것이다. 대부분의 사람들은 먹을 것을 마련하기 위해 돈을 벌지만 이치코는 돈을 버는 과정 없이 먹을 준비를 하기 위해 일을 한다. 그리고 남는 시간엔 자신을 위해 정성 들여 요리를 하고, 책을 보며 이웃들과 시간을 보낸다.

처음엔 '저 여자는 무슨 낙으로 살까? 저렇게 맛있는 요리지만 혼자서 먹는다면 행복할까?'라는 생각이 들기도 했다. 그런데 여러 번 영화를 보다 보니 그녀는 요리를 통해 사람에게 받은 상처를 치유해가고 있다는 걸 알 수 있었다. 맞지 않은 옷을 입고 있는 것처럼 도시생활을 하며 지냈던 자신에게 익숙하고 편안한, 그리고 정성 들인 음식을 스스로에게 대접하며 시간을 보내고 있었다.

'살면서 몇 번이나 나에게 이런 음식을 대접해 보았을까?' '관계 속에서 스스로 분리되어 나만의 상처를 돌아본 시간은 있었을까?'

그녀는 작은 숲, 〈리틀 포레스트〉에서 그런 시간을 보내고 있었다. 영상이 너무나 아름다워 몇 번을 보게 되었던 이 영화 속에는 내 가슴에 꽂힌 대사가 하나 있었다.

"춥지 않으면 만들 수 없는 것이 있어. 추위도 소중한 조미료 중의 하나다."

우리나라에서는 손가락만 하게 숭덩숭덩 썰어 얼지 않도록 눈이 오기 전에 무를 말리는데 영화에서는 손바닥만 하게 넓적하게 썰어 눈이 오는 추위에 무를 얼렸다.

맞다! 추위는 어느 조미료도 흉내 낼 수 없는 고급 조미료 중 하나다.

한 해 동안 사용할 양념을 준비하다

○
○
○

양념이라는 말은 약념(藥念)에서 나왔다고 한다. 즉 '약으로 생각하라'는 뜻이다. 양념은 음식의 맛을 돋우기 위해서 사용하기도 하지만 식재료가 가지고 있는 부족한 부분을 채워 음양의 조화를 맞추기 위해 사용하기도 한다.

소금은 인류가 가장 처음 사용한 양념이다. 맛을 내는 데 사용할 뿐만 아니라 음식을 장기간 보존할 수 있고, 인체의 생명유지를 위해 꼭 필요한 미네랄이 들어 있기 때문에 없어서는 안 되는 중요한 양념이다. 소금에 들어 있는 나트륨(natrium)은 위산의 분비를 촉진해 소화를 돕고 근육의 수축을 원활하게 하기 때문에 요리를 할 때 꼭 필요하다. 하지만 나트륨은 수분을 끌어들이는 성질이 있어 양이 많아질 경우 몸이 붓고 혈압이 상승하게 된다.

나트륨의 반대 역할을 하는 것은 칼륨이다. 칼륨(potassium)은 나트륨을 체외로 배출시키는 역할을 하며 근육을 이완시키는 작용을 한다. 하지만 신장이 안 좋은 경우엔 칼륨 배출이 되지 않기 때문에 칼륨이 많이 들어 있는 채소를 먹는 것은 주의해야 한다. 이처럼 칼륨과 나트륨은 우리 몸의 수분량을 조절하고 정상혈압을 유지하는 등 몸의 균형을 맞추는 역할을 하기 때문에 요리를 할 때 적정량의 소금을 사용하는 것은 아주 중요하다.

우리가 느끼는 맛은 크게 5가지로 분류할 수 있는데 신맛[산(酸)], 쓴맛[고(苦)], 단맛[감(甘)], 매운맛[신(辛)], 짠맛[함(鹹)]이 있다.

신맛은 늘어진 기운을 추스르는 역할을 하기에 봄철 춘곤증에 도움이 되며, 대표적인 양념은 식초이다.

쓴맛은 열을 내리고 습기를 말리는 역할을 한다. 씀바귀나 민들레 등의 봄나물이 주로 쓴맛을 지닌다.

단맛은 몸을 보하고 긴장된 것을 이완시킨다. 단맛을 내는 양념은 설탕, 꿀, 조청 등이 있다.

매운맛은 땀을 나게 하여 발산시키고 기의 순환을 촉진한다. 고추를 이용한 고춧가루나 고추장, 매운맛을 내는 소스가 여기에 해당한다.

마지막으로 짠맛은 굳은 것을 유연하게 하고 마른 것을 촉촉하게 한다. 짠맛을 내는 양념은 소금, 간장, 된장, 어장 등이 있다. 한식에서 나물을 무칠 때는 주로 된장, 간장을 이용하는데, 이는 양성의 성질이 강한 양념으로 식재료가 가지고 있는 찬 성질과 미량의 독성을 줄여주는 역할을 하는 것이다. 이처럼 양념은 식재료가 가지고 있는 성질을 중화시켜 우리 몸의 밸런스를 맞춰준다.

오행(五行)에서는 음식의 간을 할 때 부족한 부분을 양념으로 보충하여 다섯 가지의 맛을 골고루 내는 것이 오장(五臟)의 건강을 유지하는 비결이라 여겼다.

텃밭채소를 이용한 천연조미료 만들기

우리가 사용하는 양념 외에도 텃밭에서 자라는 채소들을 이용하여 천연조미료를 만들 수 있다. 주로 깻잎이나 차조기, 허브 등의 향채를 이용하면 입맛을 돋울 수 있고 고기나 생선 등의 누린내를 줄일 수 있다.

차조기는 뛰어난 해독작용이 있어 회나 고기를 싸 먹는 채소다. 생선을 먹고 배탈이 났을 때 생선독을 풀어주는 효과가 있다. 일본인들이 즐겨먹는 우메보시(매실에 소금을 넣고 절인 요리)에 차조기를 넣는 이유도 차조기의 강력한 살균작용으로 부패 없이 오랫동안 보관할 수 있기 때문이다. 차조기가루는 간장이나 된장 등의 양념에 이용하면 좋다.

깻잎은 철분 함량이 풍부해 빈혈을 개선하는 데 도움이 된다. 깻잎 특유의 향은 각종 누린내나 비린내를 제거하는 데 효과가 있어 회나 육회를 먹을 때 함께 먹는다. 깻잎가루는 누린내가 나는 요리의 소스에 넣어주거나 볶음요리의 마지막에 뿌려주면 향긋한 향이 좋다.

청고춧가루는 빨간 고추로 익기 전인 청고추를 이용해서 만든다. 색이 강하지 않아 샐러드나 나물, 맑은국 등에 사용하면 좋다. 싱그러운 향기를 내는 바질가루는 파슬리가루 대신 수프나 스파게티, 피자 등 양식요리에 이용하면 잘 어울리는데 특히 토마토 요리와 궁합이 좋다.

이밖에도 마늘, 양파, 생강 등을 천연조미료로 사용할 수 있다. 마늘가루는 슬라이스한 마늘을 끈적거리는 성분이 없어질 때까지 여러 번 헹구어야 뭉치지 않아 사용하기 쉽고 오랫동안 보관할 수 있다. 분쇄기로 곱게 갈아 사용하면 마늘을 사용할 때마다 일일이 다져야 하는 번거로움을 줄일 수 있어 편리하다.

차조기가루

깻잎가루

청고춧가루

바질가루

생강가루는 말리기 전에 껍질을 벗겨 사용한다. 생강은 몸을 따뜻하게 하고 신진대사가 촉진되어 노폐물 배설에도 효과가 있다. 생강가루는 차로 마시거나 요리의 잡내를 제거하는 데도 도움이 된다.

양파가루는 열을 가하면 감칠맛과 단맛을 내기 때문에 주로 찌개에 넣거나 고기를 구울 때 살짝 뿌려 잡내를 제거하는 데 이용하면 좋다.

천연조미료를 만들 때는 먼저 흐르는 물에 깨끗이 헹구고 바람이 잘 통하는 곳에 말린다. 남아 있는 수분이 없도록 마른 팬에 살짝 덖어준 후 분쇄기를 이용하여 갈아주면 된다. 투명한 유리병에 담아 실온에 보관하고 가급적 6개월을 넘기지 않도록 한다.

한식의 기본이 되는 간장

간장은 제조방법에 따라 한식간장(재래식간장), 양조간장(개량식간장), 산분해간장(아미노산간장)으로 분류된다.

'한식간장'은 우리나라에서 만들어왔던 전통적인 방법으로 콩을 삶아 발효시킨 메주와 소금물을 이용하여 만든 것을 말하며, 숙성기간에 따라 그 종류가 달라진다.

1~2년 이내의 간장을 '국간장', '청장'으로 불리며 왜간장과 구별하기 위해 '조선간장'이라고도 한다. 맑은 색을 내고 짠맛이 강하기 때문에 국이나 찌개, 나물들의 간을 맞출 때 주로 사용한다.

3~5년 된 간장을 '중간장'이라고 한다. 중간장은 찌개나 나물에 주로 사용되며 색이 진하지 않아 음식의 색을 그대로 살리면서 간을 하기에 좋다.

5년 이상 된 간장을 '진간장'이라고 한다. 여러 해 동안 발효시켜 짠맛은 감소되고 단맛과 감칠맛이 증가되며, 색도 점차 진하게 된다. 조림이나 장아찌, 구이 등에 주로 쓰이며 음식에 맛과 색을 더해준다.

'양조간장'은 특정 균주만을 배양하여 만들어지며 대체로 탈지대두와 밀을 사용한다. 탈지대두란 기름을 뺀 콩을 말하는데 식용유를 만들고 남은 탈지대두에 종균을 이용하여 짧은 시간에 발효시킨다. 자연숙성시킨 간장에 비해 감칠맛이 부족하기 때문에 밀의 단백질인 글루텐과 액상과당, 정제소금, 합성보존료 같은 첨가물이 들어간다.

'산분해간장'은 미생물들이 발효를 통해 콩단백질을 분해하는 것이 아니라 염산과 같은 강산으로 분해해서 만든 간장이다. 그래서 제조과정이 2~3일 정도로 짧고 비용이 저렴하다. 염산으로 아미노산을 분해하면 심한 냄새가 나기 때문에 여러 가지 착향료와 감미료, 색소가 들어간다.

'혼합간장'은 산분해간장과 양조간장을 혼합하여 만든 간장이다. 양조간장과 산분해간장을 혼합시켜 만든 간장이 진간장이라는 이름으로 판매되고 있는데 이는 이름만 같을 뿐 재래식으로 만든 간장과는 전혀 다른 것이다.

진간장과 국간장

아파트에서 된장, 간장 담그기

재료

항아리(20리터) 1개, 메주 5덩이(8kg), 소금 3.5kg, 생수 18리터,

마른 홍고추 5~6개, 숯 3개, 누름돌, 항아리 뚜껑

1 · 잘 띄운 메주를 준비하여 흐르는 물에 깨끗이 씻어 햇빛에 말린다.

2 · 항아리를 소독한다.

항아리를 닦을 때는 소주를 이용해서 닦아준 후 볏짚을 넣어 태우거나 가스레인지에 올려 약불을 이용해 따끈하다 싶게 열소독을 한 후 식혀준다.

3 · 소금물을 준비한다.

물은 염소가 있는 수돗물은 가급적 피하고 미네랄이 들어 있는 생수나 약수를 이용하는 것이 좋다. 천일염을 풀어놓고 하룻밤 정도 지나면 바닥에 이물질이 가라앉은 것을 볼 수 있는데 불순물이 섞여 들어가지 않도록 거즈로 한 번 걸러 가만히 부어준다.

4 · 소독된 항아리에 메주를 넣고 소금물을 부어 준다.

5 · 숯을 불에 달구어 띄우고 건고추를 넣어준다.

6 · 메주가 공기 중에 올라올 경우 부패균이 번식할 수 있기 때문에 잘 소독된 누름돌을 이용하여 눌러준 후 항아리 뚜껑을 덮어둔다.

7 · 50~60일 정도 지나 장가르기를 한다.
메주를 건져 치대면 된장이 되고, 갈색 빛을 띠는 소금물은 간장이 된다. 된장이 뻑뻑할 경우에는 간장을 넣어가며 치대고 맛이 짤 경우 삶은 콩을 으깨어 넣어주기도 한다.

1월의 요리(양념)

루콜라 페스토

재료

루콜라 80g, 바질잎 2송이, 마늘 3쪽,

올리브오일 100ml, 구운 잣 20g, 호두 3개,

소금 3꼬집, 후추 약간

1 마른 팬에 잣을 노르스름하게 볶아서 식힌다.
2 절구에 마늘, 구운 잣, 호두, 루콜라를 순서대로 으깬다.
3 올리브오일을 조금씩 넣어가며 농도를 맞춘다.
4 소금과 후추로 간을 한다.

페스토(pesto)는 바질을 빻아 올리브오일, 치즈, 잣 등을 넣어 함께 갈아 만든 이탈리아 전통 소스인데 루콜라를 이용해보았습니다.
페스토를 만들 때는 힘이 좀 들더라도 믹서나 블렌더보다는 절구를 이용하는 것이 좋습니다. 루콜라와 바질의 잎이 으깨지면서 즙이 흘러나와 풍미가 더욱 좋아지기 때문입니다. 파스타나 스파게티에 이용하면 좋습니다.

토마토 페이스트

재료

토마토 10개, 월계수잎 3장, 고추씨 1큰술, 말린 타임 또는 오레가노 1작은술, 유리병

1 찬 유리병을 소독할 때는 찬물에서부터 끓여야 병이 깨지지 않고 소독이 잘 된다.
2 유리병에 수증기가 송골송골 맺히면 꺼내어 물이 잘 빠질 수 있도록 병 입구가 아래쪽으로 향하도록 하여 건조대 위에 올린다.
3 토마토는 껍질을 벗기지 않고 굵게 다진다.
4 기름을 두르지 않은 팬에 다진 토마토를 볶아준다.
5 한 번 부르르~ 끓고 나면 중약불로 줄여 뭉근히 끓여준다.
6 바닥이 눌지 않도록 한 번씩 저어가며 끓이다가 월계수잎 3장, 고추씨 1큰술, 말린 타임 또는 오레가노 1작은술을 넣어준 후 병에 담는다.
7 냄비에 병 높이의 2/3 정도의 물을 부은 후 병조림할 병을 뒤집어놓고 끓여준다.
8 수건을 이용하여 조심스럽게 꺼낸 후 병이 완전히 식을 때까지 뚜껑이 바닥에 가도록 뒤집어 식혀준다.

페이스트(paste)는 육류나 토마토 등을 으깨어 조린 것을 말합니다. 보존성을 높이기 위해 설탕이나 향신료를 첨가하기도 합니다. 페이스트를 만들 때는 병조림을 잘 하는 것이 중요합니다. 병조림은 대기 중의 세균이 음식에 들어가지 못하도록 살균하여 보관하는 방법을 말하는데요, 보존기간을 늘리는데 아주 중요한 방법입니다. 병을 열었을 때 '뽕~' 하는 소리가 나면 진공이 잘된 상태입니다. 떡볶이, 피자, 덮밥, 스튜 등에 활용할 수 있습니다.

유즈코쇼(청유자소금)

재료

청유자 10개, 청양고추 150g, 천일염 90g

1. 청유자는 껍질을 이용하기 때문에 농약 처리를 하지 않은 유기농 유자를 준비한다.
2. 청유자 껍질과 청양고추를 강판에 간다.
3. 청유자 껍질과 청양고추의 비율이 1 대 1이 되도록 하고 30%의 천일염을 넣어 섞어준다.

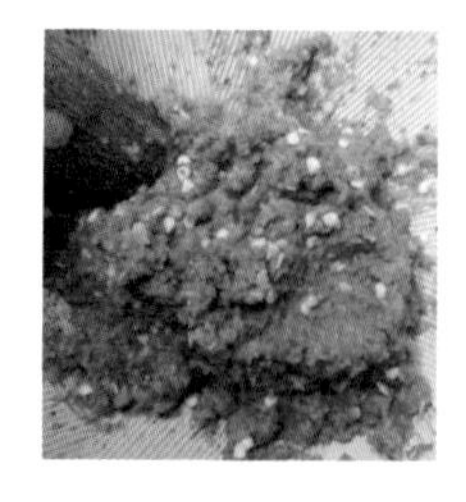

향긋한 유자와 칼칼한 청양고추가 만나 깔끔한 맛을 내는 양념입니다. 유자의 속껍질인 흰색부분은 쓴맛을 내기 때문에 가능한 한 제거하고 사용하는 것이 좋습니다. 블렌더를 이용해도 되지만 강판에 갈아 만들면 영양소도 덜 파괴되고 오랫동안 보관할 수 있습니다. 국수, 우동, 전골, 초밥 등에 이용합니다.

깨소금

재료

참깨(또는 검정깨) 100g, 소금 10g

1 깨는 체를 이용하여 헹군 후 물기를 제거한다.

2 스테인리스 팬에 천일염을 볶는다.

3 마른 팬에 깨를 볶는다.

4 볶은 소금을 절구에 넣어 빻아준 후 볶은 깨를 넣어 갈아준다.

현미밥 위에 뿌려 먹거나 국수, 나물, 샐러드, 볶음, 무침 등 다양하게 사용하는 만능 양념입니다. 냉동실에 보관하면 3개월 정도 드실 수 있습니다.
천일염을 볶을 때는 코팅이 되지 않은 팬을 이용하고 유해가스가 나올 수 있기 때문에 환기가 잘되는 곳에서 하시는 것이 좋습니다.

마요네즈 소스

재료

두유 100ml, 두부 80g, 잣 2큰술,
현미식초 1큰술, 포도씨유 4큰술,
소금 1꼬집

1 마른 팬에 잣을 노르스름하게 볶아서 식힌다.
2 두부는 끓는 물에 살짝 데친 후 물기를 빼준다.
3 믹서기에 두부, 잣, 두유, 식초를 넣고 갈다가 포도씨유를 조금씩 넣어가며 농도를 맞춘다.
4 소금으로 간을 한다.

계란이 들어가지 않은 채식 마요네즈입니다.
올리브오일보다는 포도씨유를 사용하면 산뜻한 맛을 즐길 수 있습니다.
마지막에 바질을 넣어주면 향긋한 허브 마요네즈가 됩니다.

샐러리 소금

재료

샐러리 100g, 볶은 소금 30g

1 샐러리는 흐르는 물에 깨끗이 헹궈 잘게 썰어준 후 반그늘에 건조시킨다.
2 만져보아 수분이 있으면 마른 팬에 살짝 덖어 식힌다.
3 분쇄기에 갈아준다.
4 볼에 볶은 소금과 샐러리가루를 넣어 섞어준다.

샐러리는 나트륨과 칼륨이 많은 채소입니다. 다른 채소에 비해 짠맛이 강하지만
나트륨을 배출하는 작용을 하기도 합니다.
특유의 향이 강해 고기의 누린내나 생선의 비린내를 제거하는 데 도움이 됩니다.

기본 맛국물

재료

다시마(10x10) 1장과 말린 표고 3~4개,

물 1000ml

1 다시마의 표면을 젖은 행주로 닦아낸다.
2 마른 표고는 흐르는 물에 재빨리 헹궈낸다.
3 물 1리터에 다시마와 마른 표고를 넣어 30분 정도 불려준 후 중불로 끓인다.
4 끓기 시작하면 다시마는 건져내고 약불로 줄여 10분 정도 더 끓인다.
5 완전히 식힌 후 마른 표고는 건져내고 냉장보관한다.

국, 탕, 찌개뿐만 아니라 조림, 소스에 이르기까지 양념과는 별도로 음식의 맛을 더해주는 것이 바로 맛국물입니다. 너무 오래 끓이면 다시마에서 점액질 성분이 나와 국물이 맑지 않고 텁텁해지기 때문에 적당히 끓인 후 다시마는 건져냅니다. 좀 더 구수한 맛을 내고 싶다면 겨울에 말려둔 무말랭이나 둥굴레 1~2조각을 더 넣기도 합니다.

텃밭채소 미르포아

재료

당근 200g, 양파 200g, 샐러리 50g,

물 4000ml

1 당근, 양파, 샐러리는 영양성분이 우러나도록 얇게 썰어준다.

2 물 4리터에 재료를 넣고 약불에 1시간 정도 끓인다.

3 완전히 식힌 후 체에 걸러 냉장보관한다.

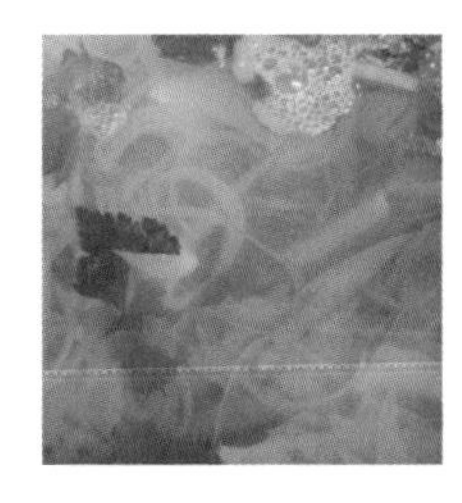

미르포아(mirepoix)는 당근, 양파, 샐러리, 월계수 등을 이용하여 스톡이나 수프, 스튜 등에 사용하는 채수를 말합니다.

텃밭을 일구는 분들이라면 솎아내기한 어린 당근을 이용하거나 사용하고 남은 채소의 자투리를 이용하여 만들어도 좋습니다. 특히 당근은 산성화된 몸을 알칼리화 시켜주는 좋은 식재료이기 때문에 치유식 요리에 많이 사용됩니다.

나오며

내가 평화로워지는 곳

이 글을 쓰는 지금, 제 몸과 마음은 다시 텃밭으로 향하고 있습니다.

5월이 되면 주말농장뿐만 아니라 베란다 화단에도 고추, 토마토, 오이 같은 모종을 심느라 분주해집니다. 지난해 거두지 못한 고추나 토마토 대 등이 있다면 거두어 정리해야 하고 채소를 길러내느라 영양이 다 빠져 푸석푸석해진 흙은 새로 교체하거나 보충해주어야 하니 베란다 텃밭 정리는 가끔 머리 무거운 일이 되어 버리기도 하지요.

가끔 생각해봅니다.

'나는 왜 해마다 이런 수고를 사서 하고 그것도 모자라 주말농장까지 얻어 채소를 키울까?' 처음에는 '도시에 살면서도 내 손으로 직접 키운 채소를 식탁에 올릴 수 있을까?' 하는 마음으로 시작하게 되었던 텃밭. 씨앗을 뿌리고 하루하루 달라져가는 모습을 보는 것은 자식을 키우는 엄마의 마음처럼 그렇게 뿌듯할 수가 없었습니다. 직접 키운 텃밭채소들로 가족의 식사를 준비하는 것 또한 더할 나위 없이 보람된 일이었지요.

그런데 이 글을 쓰고 있는 지금, 내가 텃밭을 가꾸는 진짜 이유가 따로 있다는 것을 알게 되었습니다. 그것은 그곳에 가면 내 마음이 편안해지기 때문입니다.

누군가를 미워하며 들끓는 감정이나 혹시나 내가 잘못 살고 있는 건 아닐까 하는 불안, 그리고 미래에 대한 막연한 걱정. 이런 것들이 텃밭에만 가면 이상하리만치 차분하게 가라앉는 것을 느낍니다. 여름엔 더위를 피해 이른 아침 텃밭을 찾게 되는데 물뿌리개를 들고 왔다 갔다 하다 보면 방금 전까지만 해도 나를 따라다니며 꼬리에 꼬리를 물던 생각들은 서서히 자취를 감추며 어디론가 사라져갑니다. 누군가와 내 고민을 함께 나눈 것도 아닌데 조금 전까지만 해도 어느 곳에 둘지 몰라 허둥대던 감정의 쓰레기들은 아무도 몰래 밭에다 버리고 왔나 봅니다. 이런 날에는 발걸음이 그렇게 가벼울 수가 없어요. 그러다 보니 베란다 텃밭 정리는 좀 힘들고 귀찮더라도 매해 빠질 수 없는 나만의 중요한 행사가 되어버린 듯합니다.

여러분들은 어디에서 마음의 위로를 받고 있으신가요? 육체의 양식을 내어주기 전에 마음의 양식을 먼저 내어주는 곳. 내가 쓰레기를 내놓더라도 맑은 생기를 돌려주며 삶을 아름답게 가꾸라고 말없이 응원해주는 곳. 저에게 텃밭은 그런 곳이랍니다. 그렇게 오늘도 텃밭을 가꾸는 마음으로 나의 삶도 정성스럽게 가꾸게 됩니다.

여러분도 이곳에서 맑은 평화를 느껴보시길 바라며…….

"너희가 키우는(먹는) 식량은 흙의 영양으로 자라는 것이
아니라 지구가 우주에서 들여주는 별들의 노랫소리로 자란다."

—루돌프 슈타이너